LE TIERS-MONDE AU FOND DE NOS BOIS

Marie-Paule Villeneuve

LE TIERS-MONDE AU FOND DE NOS BOIS

FIDES

REMERCIEMENTS

L'auteure tient à remercier l'équipe des Éditions Fides, spécialement Michel Maillé, Pierre Caron et Marie-Claude Bressan. Sa plus sincère reconnaissance va également à tous ceux qui ont accepté de collaborer ou de la soutenir dans ce projet ambitieux. Les noms de la plupart d'entre eux apparaissent dans le livre, mais d'autres comme Raymond Brassard du journal *The Gazette*, Victor Larivière de *La Terre de chez nous*, la famille Villeneuve-Savard, de Dolbeau-Mistassini, et des sources secrètes qui vont se reconnaître, lui ont offert une précieuse collaboration. Et, finalement, son correcteur personnel qui a été pas mal occupé depuis qu'il a pris sa retraite.

Catalogage avant publication de Bibliothèque et Archives nationales du Québec et Bibliothèque et Archives Canada

Villeneuve, Marie-Paule

Le Tiers-Monde au fond de nos bois

ISBN 978-2-7621-3002-7

1. Travailleurs forestiers – Conditions de travail – Québec (Province) – Lac-Saint-Jean (Région).
2. Travailleurs forestiers – Québec (Province) – Lac-Saint-Jean (Région) – Entretiens.
I. Titre.

HD7269.L92C35 2009 331.2'0434980971414 C2009-941456-2

Dépôt légal : 4e trimestre 2009
Bibliothèque et Archives nationales du Québec

Les Éditions Fides reconnaissent l'aide financière du Gouvernement du Canada par l'entremise du Programme d'aide au développement de l'industrie de l'édition (PADIÉ) pour leurs activités d'édition. Les Éditions Fides remercient de leur soutien financier le Conseil des Arts du Canada et la Société de développement des entreprises culturelles du Québec (SODEC). Les Éditions Fides bénéficient du Programme de crédit d'impôt pour l'édition de livres du Gouvernement du Québec, géré par la SODEC.

IMPRIMÉ AU CANADA EN OCTOBRE 2009

*À ma fille Érica, qui a eu la chance de m'avoir
comme mère, et à tous ces hommes
qui se tuent au travail pour gagner leur vie.*

« Il y a des débroussailleurs qui s'arrachent le cœur à toutes les semaines pour réussir à faire à peine leurs gros timbres de chômage et il y en a qui ne les font même pas. »

Bernard Forest,
représentant syndical

Introduction

Lorsque je suis montée à bord du camion de Mario Richard, président de l'entreprise Aménagement Myr située au Lac-Saint-Jean, je ne savais pas que la compagnie dont il est le principal dirigeant s'était reconnue coupable, après une vaste enquête de la GRC, d'une des plus importantes fraudes dans le monde forestier québécois.

Je me doutais que l'homme, qui a invité nombre de journalistes (on peut même le voir dans des reportages sur les sites de la BBC et de TV5, et lire ses déclarations dans un article de *L'actualité*) à visiter « ses » chantiers après ma visite, cachait un côté pas mal moins jovial. Des rumeurs à son sujet circulaient déjà dans le milieu. C'est en fouillant du côté du palais de justice que me sont apparues les évidences. Et je sais que les documents juridiques accessibles ne révèlent qu'une partie de l'immense arnaque reliée au travail sylvicole. Il y aurait pire encore.

Mario Richard embauche beaucoup de travailleurs originaires d'Afrique, comme vous pourrez le lire au quatrième chapitre. Dans la foulée, vous lirez aussi la frauduleuse histoire d'un royaume.

La présence d'hommes d'origine africaine dans une région rurale plutôt homogène avait piqué ma curiosité.

Que faisaient-ils assis par terre, le long de la route, au beau milieu de la forêt ?

Je les ai aperçus pour la première fois en août 2005, au kilomètre 42, sur le chemin de la Bowater, près de Dolbeau-Mistassini.

« Des débroussailleurs », m'a répondu ma sœur, qui m'accompagnait. Les hommes qui attendaient étaient d'origine africaine. Pas fréquent au Lac-Saint-Jean. Un malaise, un souvenir trop récent de servitude, une lointaine image d'esclavage m'ont traversé l'esprit.

Un vieil autobus jaune est passé. Ils sont montés à bord. Nous les avons suivis jusqu'à l'entrée du camp qui les hébergeait. Je n'avais jamais entendu parler de ce métier. Fascinant, non ? Nous avons cherché le terme dans *Le Petit Robert* pour vérifier si ça pouvait être payant au scrabble. Il n'y était pas. Débroussailler oui, mais pas débroussailleur.

Le lendemain, nous avons poussé jusqu'au kilomètre 124, là où le mot bûcher prenait tout son sens. On ne faisait pas dans la dentelle. Voir passer un ouragan ne m'aurait pas causé plus d'effet. De la machinerie à faire peur : abatteuse, débusqueuse, débrancheuse, sans oublier les têtes multifonctionnelles. Gare à l'épinette qui trônait bien droit deux minutes auparavant. La tête multifonctionnelle, un véritable monstre, est arrivée avec ses griffes et ses tentacules comme une pieuvre folle et a entrepris de régler son compte à ce conifère qui s'est retrouvé, en l'espace d'une minute, nu comme un ver. Dépouillé de ses branches, déshabillé de son écorce, jeté sur la pile des essences destinées à fabriquer du papier. Peut-être êtes-vous en train de lire mon ouvrage sur cette épinette décapitée un frisquet matin d'août 2005.

L'été 2005, c'était celui où les forêts du Québec se consumaient au rythme de centaines d'incendies par semaine.

Devant les flammes qui gagnaient dangereusement les camps, les entreprises forestières avaient dû évacuer les travailleurs et les héberger dans un motel, près de la rue de l'Église, à Mistassini. Les légendes urbaines sur les gens de couleur ont alors circulé comme ça arrive parfois dans les villages. On rencontrait des Noirs qui prenaient un verre au bar Le Bonnet rouge, là même où j'ai passé mon diplôme d'études collégiales. Les pure-laine et les nouveaux immigrants s'apprivoisaient avec une teinte de méfiance ou de bonheur, suivant l'ouverture d'esprit de chacun. Les méchantes langues péroraient sur des viols obscurs, des recels, des méfaits publics, même si la police elle-même n'avait reçu aucune plainte.

J'ai donc voulu savoir qui étaient ces travailleurs besognant souvent dans des conditions inhumaines. Quel était leur travail et à quoi servait-il exactement ? Y avait-il vraiment un avenir pour le métier de débroussailleur, tout jeune, un peu plus de 20 ans, dont la plupart des citadins n'ont jamais entendu parler ?

Peu de documents témoignent au Québec du travail de milliers de personnes qui peinent, luttent, souffrent dans leur âme et dans leur orgueil, pour seulement gagner le droit de se loger, de se nourrir. J'ai voulu faire connaître leur statut, leurs racines, leur vie. De sorte qu'on se souvienne de ces travailleurs alors même que le métier de débroussailleur n'existera peut-être plus, comme celui de tisserand maintenant. Offrir à l'histoire des témoignages oraux qui resteront dans la mémoire collective.

À une époque où une bonne proportion des travailleurs de la forêt jouit d'un statut de syndiqué qui assure des conditions de travail avantageuses, ce n'est pas le cas des débroussailleurs. Comme l'a souligné l'un d'eux, c'est un travail de derniers recours, quand on a épuisé toutes les autres ressources.

J'ai contacté plusieurs débroussailleurs, de toutes cultures, de tous âges, de toutes situations. D'aucuns ont accepté de parler, d'autres m'ont donné des rendez-vous qui n'ont pas connu de lendemain. Enfin, certains ont raconté des histoires d'horreur, sous le couvert de l'anonymat. Peut-être le présent ouvrage donnera-t-il à certains débroussailleurs l'audace et le goût de s'aventurer plus loin, de sorte que, par leur dénonciation, ils fassent évoluer les conditions des travailleurs sylvicoles.

Les travailleurs sylvicoles sont ceux qui reboisent ou qui débroussaillent. On plante des petits arbres, on ne les regarde pas pousser et on s'aperçoit, un jour, qu'ils sont envahis par des framboisiers. Avant, on mettait une bonne dose de phytocide (un herbicide pour la forêt) pour enlever les broussailles ; maintenant, on doit le faire avec une machine, question de respecter l'environnement.

Depuis les années 1960, le gouvernement exige des compagnies forestières le reboisement des forêts qu'elles déciment allègrement. Mais je laisse la défense des forêts aux écologistes et celle de l'industrie du bois aux capitalistes.

Ce livre, bien personnel, vise d'abord à rapporter les témoignages de Québécois de souche, de nouveaux arrivants, de jeunes et de beaucoup, beaucoup moins jeunes qui partagent l'objectif légitime de plusieurs d'entre nous : manger aujourd'hui, demain et plus tard — sauf que, pour eux —, c'est beaucoup plus ardu que pour d'autres.

CHAPITRE 1

La Forêt déjantée

Mardi, 27 juin 2006, 4 h 15. L'aurore est plus noire que grise. Levée à 3 h 30, j'ai bu deux cafés, ramassé ma protection anti-moustiques naturelle, deux barres granola, ma bouteille d'eau et oublié mes bottes, que je traîne avec moi depuis trois jours. Je ne le sais pas encore, mais c'est une erreur qui me laissera longtemps sur les jambes des souvenirs de la forêt abitibienne. Denis Raymond, débroussailleur de métier, a été dépêché par Yvon Monderie, le président de Senaka, pour venir me quérir et m'amener sur le terrain. Je vais voir de près le travail de débroussailleur. J'aurais tiré le numéro gagnant à la loterie que je n'aurais pas été plus excitée.

Deux coups de klaxon. Je verrouille la porte de la maison de Louise Desjardins, qui m'a prêté les lieux. Oui, c'est bien l'auteure, la sœur du chanteur Richard. Quant à Yvon Monderie, c'est le frère de Robert, celui qui a coréalisé *L'Erreur boréale* avec Richard Desjardins. En Abitibi, le monde est petit et généreux.

Denis Raymond a quitté l'école à 15 ans pour aller travailler dans une scierie. A suivi des cours du soir pour compléter l'équivalent d'un 5e secondaire. A travaillé comme mineur avant de devenir débroussailleur. Est passé comme beaucoup de monde en Abitibi par La Forêt de demain, une grande entreprise sylvicole, avant de se joindre à l'entreprise de foresterie Senaka, dont Yvon Monderie est le président. Il me raconte un film qu'il a vu la veille à la télé.

— C'était un bon film. L'histoire d'une fille qui veut faire libérer son père de prison.

— Et ça se termine comment ?

— Je ne sais pas. Je suis tombé endormi avant la fin. C'est comme ça quand on se lève à 3 h du matin.

On roule sur un chemin de campagne depuis environ 45 minutes. Nous sommes arrivés. Le ciel est plus clair. Il est 5 h. Où sommes-nous ? Dans le canton Johanne. Quelque part dans une forêt à environ 60 kilomètres de Rouyn-Noranda. Je n'aurais jamais su comment m'y rendre. Je ne saurais pas comment en sortir non plus. Et ce n'est pas mon téléphone cellulaire qui pourrait m'aider. Pas de tours satellites ici.

Denis Raymond se demande lui-même où est sa part de terrain à défricher. Il prend son dîner, sa bouteille d'eau et son bidon d'essence, et part à la recherche de sa *patch*.

Dans le matin frais, les nuages s'installent à mesure que la lumière se précise. Assise dans le camion, j'attends le contremaître qui doit m'expliquer le système de reboisement, le fonctionnement des octrois, le mode de vie des débroussailleurs, qui travaillent environ 20 semaines pour toucher 32 semaines de chômage par année.

Entre 5 h et 5 h 30, une douzaine de camions arrivent, stationnent. Les gars sortent, partent à la recherche de leur *patch*, jettent un coup d'œil sur moi en passant, avec l'air de se demander ce que je fais là. L'un d'eux me salue d'un signe de tête. Des oiseaux poussent une note sourde dans cette immensité de conifères, dense, isolée, inquiétante. Au loin, les moteurs de débrousailleuses meublent en cacophonie le silence des épinettes grises.

J'attends patiemment. Dès 6 h, une chaleur humide s'installe. Je baisse la vitre du camion et une armée de maringouins se lance à l'attaque. J'applique ma lotion antimoustiques bio, ferme la vitre et entreprends de les tuer à l'aide de mon calepin pour passer le temps. Le son des maringouins au-dessus de ma tête se joue en contrepoint de celui des débroussailleuses au loin.

Ici le travail se fait à la petite journée. Pas de camp où l'on demeure sur place. Pas d'encadrement. Les hommes peuvent rentrer chez eux le soir. Pas de diversité culturelle non plus. Des Abitibiens d'origine pour la plupart qui tentent de gagner leur vie en restant dans leur village.

Le contremaître Gilles Marchand arrive à 5 h 40. « Je vais donner du travail à des gars et je reviens. »

À 6 h, il est effectivement de retour. Son travail, c'est de diviser les parts de terrain, les *patchs*, et d'évaluer le travail à faire en figurant le nombre de tiges par hectare. Un hectare peut compter 35 000 tiges (qui doivent être coupées pour permettre aux jeunes plants de pousser) comme il peut en compter 60 000. Plus il y a de tiges, plus c'est long à débroussailler et plus le terrain est accidenté, plus c'est difficile. Le salaire par hectare est calculé selon le nombre de tiges et la difficulté du terrain. Le débroussailleur peut toucher entre 350 $ et 1000 $ l'hectare. Un très bon débroussailleur peut nettoyer de un à deux hectares par semaine, pour un salaire hebdomadaire de 800 $ à 900 $. De cela, il faut déduire les dépenses évidemment. On parle ici de débroussailleurs d'expérience et de nombreuses heures de travail. Des semaines de sept jours en général, sinon les journées sont trop longues. Sur le terrain, des hommes dans la quarantaine et plus, contrairement à d'autres camps où travaillent beaucoup plus de jeunes et d'immigrants.

Même si le travail est payé à forfait, le débroussailleur a droit à l'assurance-emploi calculée sur une base de 45 heures de travail par semaine. « C'est reconnu, c'est légal, explique Gilles Marchand. C'est comme ça dans le monde forestier. »

Bien entendu, le salaire horaire est calculé d'après le travail accompli, c'est-à-dire le nombre d'hectares débroussaillés. Un travailleur peut se morfondre pendant 72 heures dans une forêt, s'il ne réussit à nettoyer qu'un demi-hectare, son salaire horaire sera ridicule et il touchera des prestations dérisoires. C'est souvent le cas des nouveaux, qui, la première année, absorberont à peine le coût de leur équipement et leurs dépenses.

8 h 10. L'entretien avec le contremaître Gilles Marchand est terminé. Conclusion : chacun possède sa propre théorie sur la valeur et l'utilité du débroussaillage. « L'assistant-contremaître viendra vous chercher pour vous amener auprès des débroussailleurs », me dit-il.

J'attends maintenant l'assistant-contremaître. Les maringouins s'en donnent à cœur joie. Le chasse-moustiques naturel, biologique et biodégradable ne fait aucunement effet. Il est 8 h 40 et mon guide est là. Nous partons pour l'aventure, qui n'aura rien de bucolique. « Il n'y a que 150 mètres à franchir », me dit-il, appréhendant déjà ce que serait pour moi cette petite marche en forêt. On m'avait dit que c'était un terrain difficile, mais c'est une jungle, une forêt déjantée.

Par terre, les nombreux résidus de coupe m'empêchent de marcher sur du solide. La mousse sournoise me fait m'enfoncer jusqu'aux genoux. « Essayez de marcher sur les branches », me suggère-t-il. Mais je n'ai pas l'habitude et je rate une branche sur deux. Des souches bien dissimulées dans la sphaigne m'écorchent au passage. Je ne dis rien, il n'y a rien à dire. Je rage intérieurement. Il s'agit là d'une forêt que je ne connais pas, une forêt hostile. La forêt que je connais possède des sentiers bien définis, un fond stable et une odeur de framboise. Celle-ci sent l'essence, la gomme d'épinette et les feuilles labourées. Elle se dérobe sous mes pieds. Une forêt mouvante.

L'assistant-contremaître ne dit rien lui non plus. Il jette un coup d'œil à l'occasion pour voir si je le suis toujours. Il décide de changer de chemin avant que je ne m'enfonce à jamais dans les catacombes de la terre. Un sol plus solide, mais des branches agressives qui me fouettent, m'égratignent et me déchirent à travers ma chemise de denim moite et lourde. Je pourrais écrire un sottisier avec tout ce qui me passe par la tête de bêtises à mon propre sujet, partagée entre la joie d'observer le travail de près et l'idée saugrenue de jouer les dures. Parce qu'il s'agit d'un travail dur, d'une job qui peut tuer son homme.

Dans son mémoire de maîtrise, déposé à l'Université Laval en 2004, Dominic Toupin analyse l'effort cardiaque que doit fournir un débroussailleur. Pour connaître l'effort demandé, il faut calculer le coût cardiaque relatif (le CCR). Une valeur moyenne supérieure à 33 %, pour une journée de travail, entraînerait un niveau de fatigue excessif et augmenterait le risque d'accidents. Or, il a été prouvé, selon Toupin, que, sur 25 débroussailleurs testés, 86 % d'entre eux dépassaient la valeur maximale de 33 % et que la valeur moyenne de leur coût cardiaque était de 43 %.

La chaleur et l'humidité présentes ont évidemment une incidence sur le CCR. Le débroussailleur aura alors le choix : soit réduire sa productivité et assumer la perte de revenus, soit maintenir sa productivité pour toucher la rémunération qu'il s'est fixée parce qu'il ne faut pas oublier qu'il est payé au rendement. La déshydratation est l'ennemi numéro un dans ce type d'environnement. En 1988, un jeune planteur, Eric Horth, est décédé en forêt d'un coup de chaleur. Il n'avait pas bu suffisamment d'eau. Les plus tenaces y parviennent, les autres finissent par abandonner.

L'autre ennemi qui tue, c'est de marcher constamment sur un sol instable, avec une débroussailleuse en bandoulière. Avancer en pliant constamment les genoux pour absorber les chocs. « J'ai eu deux déchirures aux ménisques des chevilles, m'avait raconté Denis Raymond plus tôt. J'ai passé deux ans sur la CSST (la Commission de la santé et de la sécurité du travail). Quand je travaillais pour La Forêt de demain, j'ai dû faire du travail de bureau parce que je ne pouvais pas circuler sur le terrain. »

Le premier objectif est atteint. Devant moi, deux ou trois débroussailleurs qui viennent de mettre leurs scies en sourdine. Raymond Breton, 47 ans, débroussailleur depuis dix ans dont deux pour Senaka. Yves Baillargeon, 45 ans, qui en profite pour affûter sa lame. Son commentaire « Notre travail, c'est comme jouer au hockey, mais c'est pas une *game* de trois heures, c'est une *game* de huit heures ». Il affirme toucher un salaire horaire de 18 $, autour de 800 $ par semaine. C'est ce qu'il faut pour percevoir le maximum de prestations de l'assurance-emploi, les « gros timbres ».

Les critiques fusent de la part des trois hommes. Ils crucifient le gouvernement, « qui ne met pas ses culottes » pour établir une politique plus claire de leurs conditions de travail.

Pendant qu'ils discutent, les maringouins me dévorent, l'humidité est écrasante. « Voulez-vous du Off? » me demande un gars.

— Non, merci. J'ai déjà mis un produit.

— Il doit pas être fort en tout cas...

Un autre me demande pourquoi je circule en forêt avec des *running shoes*.

— J'ai oublié mes bottes.

Son regard se passe de commentaires.

Les travailleurs ont fini d'avaler leur sandwich, de limer la lame de leur scie, de griller une cigarette. Ils jettent un regard ailleurs. Je leur ai fait perdre assez de temps, ils me saluent et me demandent de leur faire savoir quand le livre paraîtra.

On reprend notre route dans l'univers de *La Belle au bois dormant*. Encore plus d'arbres aux branches menaçantes se dressent sur le chemin. Au tour des bras d'écoper. Je me protège le visage de mon mieux. Soudain, un homme, un enfant en fait, apparaît à travers ce maquis. Jean-Philippe Bégin a 17 ans. C'est sa deuxième journée. Il a pu travailler pour Senaka grâce à son beau-frère. Normalement, les *rookies*, des recrues sans expérience, ne travaillent pas pour Senaka. Selon Denis Raymond, les accepter, ce n'est pas leur rendre service. Ils perdent leur temps et leur argent. Pourtant, Jean-Philippe Bégin a déjà investi en toute connaissance de cause dans son équipement. Plus de 1500 $. Il soulève son casque protecteur pour me parler. La sueur coule sur un visage pâle et étiré par la fatigue. L'assistant-contremaître lui indique le travail à reprendre : le rocher de Sisyphe.

— Comment trouves-tu ça ?

— Ça va aller mieux quand je vais pogner le *beat*.

— Penses-tu que tu vas faire l'été ?

— J'espère. J'aime ça travailler en plein air.

À l'automne, il compte retourner aux études, à l'éducation des adultes. « Je veux bien faire ma job. Je vais m'habituer. Je ne suis pas un petit gars de la ville. »

Il se lève à 4 h du matin pour être au travail vers 6 h 15. Le transport demande une heure et demie. Pour atteindre son objectif minimal, il travaille de 12 à 13 heures par jour. Cette journée-là, il a prévu se farcir 15 heures d'affilée pour rattraper le temps perdu la veille.

Je le regarde et j'ai envie de lui dire : « Prends tes jambes à ton cou et retourne à l'école en vitesse ! »

Mais nous poursuivons notre route. Justement, son beau-frère n'est pas loin. J'essaie de m'en approcher en me plaçant devant lui pour qu'il me voie, comme on m'a dit de faire, pour éviter d'être attaquée par la débroussailleuse qui en ratisse large. Pas facile, à la façon dont il tourne en rond, sans s'arrêter. Enfin, il m'a vue…

Steven Rodgers a 23 ans. Il travaille depuis quatre ans comme débroussailleur. Il a étudié en techniques forestières au Cégep de Rouyn-Noranda, comme plusieurs autres, avant de se retrouver débroussailleur. Il n'envisage pas continuer de faire ça à long terme, « parce que tu vieillis vite ». Peut-être de travailler pour la Société de protection des forêts contre le feu, qui puise ses effectifs parmi les débroussailleurs.

Il est 11 h 30 et nous sommes revenus au camion de Denis Raymond. Les maringouins, toujours voraces, tournent autour de ma tête, l'écho des débroussailleuses me pourchasse. Je bois, je mange une barre granola et je sombre dans une torpeur brumeuse. Je suis morte et je n'ai même pas débroussaillé…

Cela doit faire une bonne heure que je suis passée dans un autre monde. Les maringouins me tirent de ma léthargie.

Une tentative ultime de les liquider me rend agressive. Je les tue à mains nues, frappant mes paumes l'une contre l'autre pour faire sortir mon sang de leurs corps voraces. Je dois aller aux toilettes, là, dans le buisson. Comment uriner discrètement au milieu d'un monde d'hommes ? J'ai envie d'un cappuccino avec une mousse riche et généreuse. J'y mettrais du sucre brut et je le goûterais à petites cuillerées. Demain matin, je vais aller chez La Muse Gueule avec Philippe Marquis (mon précieux recherchiste, chauffeur et source vitale d'informations en Abitibi), et je vais me payer un double cappuccino avec double caféine.

Mais voilà Denis Raymond, mon sauveur. Sa journée est terminée, sa *patch* est assez avancée pour aujourd'hui. On va pouvoir rentrer, je me dis, en observant ses rides creusées par la fatigue, ses cheveux en broussaille qu'il replace avec ses mains après avoir enlevé son casque protecteur, et l'humidité qui gonfle ses traits. Je crois que, depuis ce matin, Denis Raymond a vieilli de dix ans.

— Fatigué ?

— Oui, c'en était une collante aujourd'hui.

Nous rentrons à Rouyn-Noranda.

— Allez-vous vous coucher ?

— Non, je dois aller au magasin acheter des choses pour le travail. Je vais d'abord prendre une douche, relaxer un peu puis préparer mes factures pour la compagnie.

— Et le plus terrible dans le travail ?

— La chaleur, les bibittes, les taons à cheval, les « frappes-à-bord. »

À cela s'ajoute bien sûr la douleur aux genoux et aux chevilles dont il a déjà parlé.

Aux élections provinciales de mars 2007, Éric Girard, le candidat de l'Action démocratique du Québec dans la circonscription de Lac-Saint-Jean, a proposé sa solution pour remettre à l'œuvre les 25 000 assistés sociaux qui sont aptes au travail. Il suggérait de les affecter à des travaux de débroussaillage.

Selon lui, il est inacceptable que plusieurs compagnies forestières embauchent des immigrants pour effectuer ce genre de tâche. Il soutient qu'on devrait commencer par faire travailler les assistés sociaux. Il s'agit d'emplois payants et sécuritaires, où les travailleurs sont logés et nourris, affirmera-t-il. Il ne gagnera pas ses élections…

Nous roulons tranquillement. La fatigue pèse dans l'air lourd. Moins volubile que le matin, Denis Raymond me parle plutôt d'un chanteur qu'il adore et qui aurait écrit des textes sur le travail en forêt. Son nom : Mario Simard.

— Vous le connaissez ?

— Non, je ne le connais pas. Je vais essayer d'écouter ce qu'il fait.

Il m'a déposée chez Louise Desjardins. En février 2007, je le rappellerai pour d'autres renseignements. Il me dira qu'il travaille maintenant comme préposé à l'entretien pour une compagnie minière, dans le bout de Matagamie. « Je pense bien que le débroussaillage, c'est fini pour moi. Travailler dans des terrains accidentés avec deux déchirures aux ménisques, c'est rendu difficile. »

J'ai rempli la baignoire, jeté une poignée de sels de bain dedans, mis à tremper mes 1000 piqûres, mes 100 écorchures et mes 10 courbatures.

Quand Louise Desjardins est revenue de son chalet vers 15 h, j'avais enfilé mon pyjama et je balayais les aiguilles de pin que j'avais transportées avec moi.

— Tu te lèves ?

— Non, je me couche. Je n'en peux plus.

CHAPITRE 2

Une tradition de jobbeurs

Le travail en forêt a toujours été soumis à l'arbitraire. Lorsque j'étais petite fille, au début des années 1960, le jobbeur du coin, qui donnait du travail dans les chantiers, était un «bleu» (un partisan de l'Union nationale); mon père, qui travaillait comme contremaître, était «rouge» (un libéral). Inutile de dire que les jobs passaient devant la maison du rang sans s'arrêter.

La hiérarchie allait du très gros – Price Brothers, Consolidated Bathurst, Dubuc, Domtar, Bowater – jusqu'au très petit – bûcherons, mesureurs, draveurs.

Depuis le début du XIXe siècle, le bois a représenté une des principales ressources naturelles du Québec, spécialement dans des régions comme le Lac-Saint-Jean, l'Outaouais, le Bas-Saint-Laurent, la Gaspésie, la Haute-Mauricie. C'est la transformation en pâte et papier qui intéresse les grandes entreprises à partir de 1910. Le sciage était réservé aux petits entrepreneurs. Les procédés chimiques de transformation de la fibre de bois en pâte ont permis à cette époque de développer le secteur d'une façon explosive en raison de la demande constante de papier journal aux États-Unis.

Les essences d'arbres qui servent à la fabrication du papier ne sont pas les mêmes que celles destinées à la construction de maisons et de bateaux. Pour le papier, on parle plutôt de résineux comme les épinettes et les conifères en général, désignés comme « le bois de pulpe ». Des espèces qui poussent beaucoup plus au nord du Québec. Ce sont d'ailleurs des plantations de ce genre, surtout l'épinette grise, qui sont choisies pour reboiser les terres publiques.

Selon certains, le reboisement n'a pas nécessairement son utilité. Une forêt pourrait très bien repousser d'elle-même. Pour d'autres, cette façon de planter une seule essence dans une forêt mixte dénature la flore et ne sert qu'à approvisionner les multinationales du papier.

C'est dans les années 1920 que le statut des travailleurs forestiers a changé. De salariés, ils sont devenus des travailleurs payés au rendement, comme l'explique Camille Legendre, professeur de sociologie à l'Université de Montréal, dans son livre *Le Travailleur forestier québécois*. Cette tendance s'est accentuée après la crise de 1929.

« La rémunération à la pièce apparaît particulièrement désirable pour les employeurs parce qu'elle agit comme un puissant stimulant financier sur les travailleurs, les poussant à augmenter leurs efforts afin de maximiser leurs gains, puisqu'ils sont récompensés en proportion directe de leur production. Il en résulte une augmentation générale de la productivité et une baisse des coûts de production. De plus, ce système diminue le besoin de supervision du personnel, ce qui représente une économie supplémentaire. »

Ce système de sous-traitance est en fait une pyramide inversée qui part de l'État (nous, en fait), à qui appartiennent les terres publiques, et finit au bas de l'échelle avec le travailleur forestier ou sylvicole (dont le débroussailleur). Déjà, au XIXe siècle, l'État concédait les terres de la Couronne aux entreprises forestières, sous forme de licence. Cela s'apparentait au système féodal: le seigneur cédait un fief à son vassal qui le cultivait pour lui et lui versait des redevances. Les différents départements et ministères qui se sont succédé à la gestion des terres et des forêts jusqu'à maintenant ont continué dans cette lignée. De nos jours, les grandes papetières paient des droits de coupe au gouvernement. Pour exploiter la forêt, elles utilisent encore les ressources locales sous forme de sous-traitance, ou ce que Legendre appelle aussi le « marchandage ».

La gestion des camps, le recrutement des bûcherons, le transport du bois ont été ainsi confiés à des entrepreneurs qui, eux, se tournaient vers le jobbeur, un homme issu en général du monde agricole, qui, lui, signait un contrat avec l'entrepreneur pour assurer la coupe d'une saison. Il y avait ainsi une bonne quantité de jobbeurs qui se partageaient les différentes zones d'abattage. Tout ce monde était assujetti aux règles et aux normes établies par les grandes entreprises, qui devaient, elles, rendre des comptes au gouvernement.

Les papetières ne s'engageaient pas directement auprès des travailleurs, en général des cultivateurs forcés de prendre cet emploi saisonnier, ignorant souvent pour quelle grande compagnie ils travaillaient. Ils connaissaient leur jobbeur et ça leur suffisait.

À partir de 1960, les travailleurs forestiers ont commencé à jouir de meilleures conditions de travail avec la montée du syndicalisme et l'arrivée d'outillage ultra-spécialisé pour l'abattage et le transport du bois.

Toutefois, progressivement, le taux de syndicalisation dans le monde forestier a baissé de plus de 50 pour cent entre 1985 et 1997. C'est ce que relève Jean Bernier, dans le

Rapport du Comité de travail interministériel sur les rapports collectifs du travail en milieu forestier, un document produit en 1999 et commandé par le ministère du Travail.

Le débroussaillage, un secteur d'activité qui existe depuis une vingtaine d'années, fonctionne seulement avec des sous-traitants de grandes compagnies forestières qui se tournent souvent elles-mêmes vers des sous-traitants de sous-traitants de sous-traitants. Parfois jusqu'à cinq, comme le confirme une étude du Comité sectoriel de main-d'œuvre en aménagement forestier produite en 1999-2000.

La difficulté de recruter des débroussailleurs relève en grande partie, justement, du système, qui est à repenser complètement, selon l'ingénieur forestier, Pierre Dubois, auteur du livre *Les Vrais Maîtres de la forêt québécoise*.

« Si on veut faire des travaux intelligents ; si on veut produire des arbres de qualité ; si on veut arrêter de se plaindre d'une pénurie de main-d'œuvre ; si on veut mettre le doigt sur le vrai bobo, on doit se poser des questions sur les conditions de travail. Les forestières ont tout transféré aux travailleurs. Le salaire au rendement est un problème en traduction d'honoraires. Je me suis battu pour défendre les idées qui allaient contre cela. »

L'ingénieur soutient que, pour économiser sur le coût du bois, les détenteurs d'un CAAF (contrat d'approvisionnement et d'aménagement forestier), qui sont des compagnies forestières, réduisent le nombre de camps en forêt et font de plus en plus appel à la sous-traitance. « Toujours économiser pour calculer les coûts du bois parce qu'ils (les entreprises) ne calculent pas ça en bien-être humain, ils calculent cela en coût en mètres cubes. Ça se résume à cela. »

Selon lui, le système de sous-traitance est à revoir complètement et la responsabilité revient aux grandes forestières et au ministère des Ressources naturelles. « Chacun se renvoie la balle : c'est notre argent à nous, ce sont des crédits de droits de coupe. Normalement c'est de l'argent gouvernemental aussi. Et tout le monde s'en lave les mains, c'est l'État et c'est la grande industrie qui font leur argent avec ça. La sous-traitance permet de dire : c'est pas ma faute, c'est la faute de l'autre. »

« Tout ça est pensé et organisé pour que le coût du bois reste minimal, ajoute Pierre Dubois, et que les investissements de l'État restent minimaux. On est aussi dans une vogue où l'État délaisse toutes ses responsabilités. Ce n'est pas seulement du capitalisme sauvage, il y a la mondialisation, le bois a été "mondialisé". Il n'y a pas de protections tarifaires pour le papier. Ça fait l'affaire de tout le monde, et la sous-traitance, elle, a été mise en place surtout pour contourner la montée du mouvement syndical qui était bien là au début des années 80. »

Depuis le régime forestier de 1987, toutes les accréditations syndicales ont reculé de beaucoup et l'industrie en a profité, soutient Pierre Dubois. « L'industrie a compris très vite qu'en multipliant la sous-traitance, ça permettait de noyer le poisson (c'est-à-dire) tout ce qui pourrait être une amélioration des conditions de travail et de continuer à maintenir le système qu'elle favorise déjà. »

La sous-traitance permet à chaque intermédiaire d'en mettre une partie dans ses poches. Par exemple, des débroussailleurs ont parlé sous le couvert de l'anonymat d'un sous-traitant propriétaire d'une pourvoirie en Abitibi qui louait ses chalets et finançait ainsi son commerce.

« Il y a toutes sortes de cow-boys et de personnes qui ont peu de scrupules qui ont fait de l'argent là-dedans », soutient encore Pierre Dubois.

La syndicalisation et le retour au salaire à l'heure plutôt qu'au rendement demeurent pour lui la solution idéale à long terme. « En Suède, ils ont aboli le salaire au rendement en forêt pour des questions de santé et de sécurité au travail. »

Le processus de syndicalisation par de vraies centrales syndicales serait devenu difficile, au dire de Pierre Dubois. « Des compagnies de reboisement ont essayé de soumettre leur propre syndicat de boutique pour contrecarrer l'initiative des centrales syndicales parce que, s'il y a déjà un syndicat, ça fait en sorte qu'à cause des lois, il faut que les vraies centrales syndicales, la CSN et la FTQ, obtiennent la majorité pour "désyndiquer" avant de "resyndiquer" avec un vrai syndicat. »

L'ingénieur forestier est l'un de ceux qui se sont battus contre l'utilisation des phytocides, des produits chimiques servant à tuer les pousses nuisibles à la croissance des arbres.

Le reboisement à grande échelle a commencé autour de 1988 à la suite d'un programme du gouvernement provincial de 300 millions de dollars adopté en 1983. On s'est finalement rendu compte que la forêt n'était pas une barbe qu'on rase un jour et qui repousse le lendemain. Avant 1983, il y avait très peu de plantations. Les arbres repoussaient naturellement. Pour éviter que les mauvaises herbes n'étouffent les jeunes pousses, les forestières ont utilisé des phytocides jusqu'en 2001. Puis, sous la pression, on est passé au débroussaillage mécanique.

« On a forcé le recours au débroussaillage mécanique, c'est une bonne chose. Les forêts n'ont pas besoin de cela naturellement, sauf que la société a besoin de bois. On veut que ça accélère la croissance de la forêt, c'est là la base du problème. Mais même si on ne reboise pas, le débroussaillage est quand même utilisé pour dégager la régénération naturelle. »

Toutefois, les conditions de travail reliées au débroussaillage justifient-elles la façon de le faire ? Est-il humain pour des hommes dont la moyenne d'âge est de 49 ans de faire ce travail ? On recrute des immigrants parce que peu de Québécois de souche acceptent ces contraintes.

Dans un article de la revue *L'actualité* de septembre 2007, qui trace pourtant un portrait plutôt positif de la situation, un des débroussailleurs d'origine africaine déclare : « Personne ne vient travailler ici pour le plaisir. Qu'il pleuve, qu'il vente ou qu'il fasse chaud, c'est l'enfer. Mais l'enfer, c'est payant. »

Certains se targuent de gagner 1500 $ par semaine. « Ça demeure exceptionnel et ce n'est pas toutes les semaines, sinon on serait mort à la fin de l'été », rétorque à cela le président du Regroupement des travailleuses et travailleurs sylvicoles du Québec, Jean-Baptiste Mailloux.

Il existe des camps confortables avec une nourriture adaptée à différentes cultures, mais il y a aussi des lieux où le travailleur vit pratiquement en nomade, explique Pierre Dubois. « Dans ce secteur-là, dans plusieurs endroits au Québec, les travailleurs doivent faire plusieurs heures de route pour se rendre à leur lieu de travail. Pour éviter cela, les gens vont être tentés de dormir dans leur boîte de camion. Ils savent très bien que la CSST (la Commission de la santé et de la sécurité du travail) ne le permettrait pas, et que si l'employeur ou l'entrepreneur le savaient, ils trouveraient des raisons pour essayer de les empêcher de le faire. Il y a des gens qui campent en forêt. C'est très difficile de trouver ces gens-là et de prouver quoi que ce soit, parce que le territoire est immense et vaste. »

Cette disparité des conditions de vie entre les camps pour un même secteur de travail est absolument aberrante. Lors d'une visite en forêt, en Abitibi, j'ai rencontré deux débroussailleurs qui avaient installé leur tente au bord d'un lac. Ils travaillaient de 4 h du matin jusqu'à midi, retournaient à leur tente se baigner au lac, faisaient une sieste et reprenaient le travail jusqu'au coucher du soleil. Quand j'ai demandé à voir leur emplacement, l'employé de Tembec qui m'accompagnait a cherché à détourner le sujet. L'un des débroussailleurs que je questionnais sur son mode de vie en forêt m'a d'ailleurs lancé: « Travailles-tu pour la police ? » On sentait la méfiance et la paranoïa. Je ne pensais pas à ce moment-là avoir abordé un sujet tabou.

Bien sûr, c'est tentant de s'épargner deux heures de route le matin et deux autres heures le soir... Même si les distances ne sont pas si considérables, les chemins sont très difficiles: ils exigent des camions ou des véhicules spéciaux.

Cette vie de nomade pendant 20 semaines (le nombre de semaines requises pour toucher des prestations d'assurance-emploi), c'est impensable au XXIe siècle, insiste Pierre Dubois. « Ça n'a pas de bon sens de cautionner cela, déclare l'ingénieur. En camping, une semaine, ça va, mais un mois ou quelques mois... ça n'a pas de bon sens. Ça veut dire que les gens ne se lavent pas, ça veut dire qu'ils n'ont pas accès à l'eau courante. Le travail devient infernal, on ne pourra jamais cautionner cela. »

Passer des grands centres urbains, comme Montréal ou Québec, à la forêt nécessite un apprentissage, ajoute-t-il. « Les gens sont un peu plus désorganisés. Souvent, ils débarquent de la ville, pas chaussés pour travailler en forêt, pas équipés. Et ce qu'il y a de nouveau maintenant, c'est que les gens qui travaillent en forêt, ce sont des gens de Québec et de Montréal qui vont gagner leurs semaines d'assurance-chômage. Ou des gens qui sont d'une nationalité différente. Alors, ils n'ont aucune idée de la rigueur du climat. Est-ce qu'ils savent par exemple qu'en mai, en Abitibi, il peut neiger ? Est-ce qu'ils savent que ça va leur prendre énormément de linge de rechange parce qu'ils vont être trempés jusqu'aux os avant la fin de la journée ? Est-ce qu'ils savent la quantité d'eau qu'ils doivent traîner, la quantité de nourriture qu'ils doivent avoir pour compenser l'énergie qu'ils dépensent ? Autrefois, c'étaient des gens qui étaient issus du monde agricole, habitués aux rigueurs du climat, c'était plus facile. »

Pourtant, le travail dans le bois n'a jamais été facile pour celui qui est en bas de l'échelle. Comme le rapporte Camille Legendre dans *Le Travailleur forestier québécois*, le travail en forêt, c'est le travail le plus dur à accomplir selon des témoignages des années 1960. Les gens l'exercent parce qu'ils n'ont pas le choix. « Selon la majorité, non seulement, c'est le pire métier, mais ce n'est pas un métier (...). Les travailleurs se plaignent d'abord et surtout des conditions physiques du travail en forêt, qui ont comme conséquence "qu'on se fait mourir" : le poids de la scie mécanique dans les bras, la manipulation des billes, les déplacements avec l'équipement, la chaleur, la gomme et les intempéries. »

Il est donc évident que, depuis plus de 40 ans, le travail en forêt pour celui qui est au bas de l'échelle n'a guère changé.

Tout en étant conscients que les progrès sont lents, les syndicats doivent tenir leur bout, répond Pierre Dubois à ceux qui croient que, dans un système comme celui-ci, les entrepreneurs en débroussaillage devront fermer leurs portes si on les force à respecter les normes du travail, en plus des règles de la santé et de la sécurité au travail. « De dire que le syndicalisme ne leur donne rien, c'est vraiment gros. Le syndicalisme aide les travailleurs parce que, lorsqu'il y a une sous-traitance excessivement développée, les droits syndicaux sont faciles à contourner. D'ailleurs, la sous-traitance est faite pour cela principalement, bien souvent. Dans les vrais syndicats, ils ont des conseillers, ils ont des gens qui connaissent les lois et qui commencent à faire appliquer le minimum, au moins les normes minimales du travail qui ne sont pas appliquées en forêt. Les congés fériés ne sont pas respectés, comme à la Saint-Jean-Baptiste, vous devez être payés. Vous avez aussi droit à un 4 % à la fin de votre travail. Ce n'est pas un cadeau qu'on vous fait. Alors on a affaire à du monde, que ce soient des immigrants ou des Québécois (de souche), qui se font abuser. Et s'ils n'ont aucune organisation qui les supporte, cet abus-là, il est érigé en système. Ce que j'ai vu dans les années 1990, c'était épouvantable. Ça s'est amélioré un peu grâce à la syndicalisation. Autre chose que permet la syndicalisation, c'est de pouvoir négocier les taux, c'est-à-dire que, lorsque l'entrepreneur obtient 1000 $ l'hectare pour faire du débroussaillage, le travailleur peut en recevoir aussi peu que 40 % seulement. L'entrepreneur peut justifier toutes sortes de choses comme payer son camion, payer son transport d'équipement, en laisser très peu aux travailleurs et se faire beaucoup d'argent. Il y a des gens qui ont fait des fortunes avec les travaux sylvicoles, en reboisement, etc. »

Selon lui, les syndicats ont réussi à négocier un taux fixe. « Ils savent que le ministère donne 1000 $ l'hectare pour les travaux. Eux, ils vont en chercher une portion qui est connue, et, là-dessus, ils peuvent faire respecter leurs droits. La convention collective, c'est aussi un ensemble de droits. »

La sylviculture occupe une place importante au Québec, conclut Pierre Dubois. « Ça fait partie d'une structure économique. Moi, je pense que la sylviculture, elle va exister de plus en plus, avec nos besoins en bois qui vont être croissants ou qui vont faire en sorte qu'on va vouloir produire du bois de meilleure qualité. Ça ne sert pas juste à faire travailler le monde, ça sert à faire des produits forestiers de meilleure qualité. Et ça va être là dans l'avenir. La question fondamentale, c'est celle des conditions de travail. Si on veut faire des travaux intelligents, si on veut produire des arbres de qualité, si on veut arrêter de se plaindre d'une pénurie de main-d'œuvre, si on veut mettre le doigt sur le vrai bobo, on doit se poser des questions sur les conditions de travail. »

Plusieurs débroussailleurs rencontrés sur le terrain affirment que, sur ce plan, les suivis sont absolument déficients en termes de qualité. Que peu de vérifications sont faites.

Cette situation s'améliore, allègue l'ingénieur. « Les contrôles ne sont pas toujours à point, je suis de ceux qui les ont dénoncés. Il y a des formes de contrôle qui s'améliorent. Il y a des gens qui rendent des comptes. Il y a de la gestion qui se fait. Pour tout arbre, toute superficie, normalement, il y a un échantillonnage sur la qualité des travaux. Quand j'étais avec la Coalition sur les forêts vierges nordiques, on a dénoncé le laxisme qu'il y avait dans cela, mais à ce que je sache, il y a eu un petit resserrement depuis. Et les gens sont payés à l'hectare, mais ils sont payés aussi à la qualité des travaux qu'ils font. Et le sous-traitant est payé sur cette base-là. Et si les contrôles ne sont pas assez importants, ils se font serrer un peu les ouïes, si on peut dire. »

Les tentatives de regroupements ou d'associations ne sont pas faciles, toutefois. D'un groupe de pression à l'autre, d'un débroussailleur à l'autre, les intérêts s'affrontent, les opinions divergent sur le fond même de la refonte du système et sur les moyens de le changer.

CHAPITRE 3

Quand un journaliste revient vivre en Abitibi

Nous avons trouvé Bruce Gervais dans une ancienne maison de rang près du village de Rollet, à environ 40 kilomètres de Rouyn-Noranda. Dans la nature sauvage, une nature baignée de parfums de verges d'or, de marguerites et d'épilobes.

Lorsque je l'ai rencontré en juin 2006, Bruce Gervais, dans la mi-trentaine, était au chômage. Avant d'être débroussailleur, il avait bossé dans des stations de radio en région, dont celle de Mont-Laurier, dans les Hautes-Laurentides. Il serait celui qui a inspiré à l'auteur Louis Hamelin la nouvelle « My », dans le recueil *Sauvages* paru chez Boréal.

« Avant, Ben était journaliste à Sherbrooke. Il a troqué la chronique estrienne des chiens écrasés contre le travail de plein air le plus casse-cul de l'hémisphère nordique : débroussailleur en forêt. Moyenne d'âge : autour de 48 ans. Détresse psychologique peut-être pas obligatoire, mais ça aide. Dope, alcool, ibuprofène, tout est bon pour remplacer la feuille de coca. Les meilleurs sont les Roumains, illégaux ou non, arrivés au pays entassés dans des conteneurs ou autrement. Le coup classique de la famille provisoirement abandonnée qui attend le pactole dans un sinistre HLM couvert de suie d'un État de l'ancienne Europe de l'Est. Les débroussailleurs roumains supportent la chaleur torride et les insectes, la déshydratation, les blessures chroniques et l'épuisement, respirent les vapeurs d'essence du matin au soir sans jamais desserrer les dents, et vraiment rien à foutre de la CSST. »

Bruce Gervais n'a pas vraiment travaillé en Estrie, mais a roulé sa bosse un peu partout au Québec. Il voulait rentrer chez lui en Abitibi.

« J'avais un certain désir d'aller sur le terrain et de voir une des multiples réalités dont, moi, je parlais quand j'étais journaliste à Mont-Laurier, où on parlait beaucoup de bois. Je me suis dit : pourquoi pas aller voir ce qui se passe vraiment puis le vivre ? Je voulais savoir ce que c'était quand les gars se plaignaient en disant que c'était dur. Je voulais savoir ce que ça implique pour le corps et l'esprit, ce genre de boulot-là. C'était tout un virement de carrière effectivement. Ça m'a beaucoup apporté. »

Il s'est lancé dans l'aventure avec un premier contrat de 20 jours à l'automne 2001. Aventure qu'il a poursuivie jusqu'en 2005.

« J'ai majoritairement travaillé pour La Forêt de demain, qui est une filière de Outland Reforestation. J'ai travaillé pour des compagnies locales, mais des gens qui étaient sous-contractants de La Forêt de demain. Durant la dernière année, je suis allé travailler au Lac-Saint-Jean. Là-bas, j'ai travaillé pour deux compagnies. Une qui s'appelait Nokamik, une compagnie notamment renommée pour faire de la recherche et du développement pour la mécanisation en sylviculture, au niveau du débroussaillage. Et j'ai travaillé pour une compagnie qui s'appelait Forêt RDR. »

À sa première journée de travail en 2001, un contremaître a pris quelques minutes pour lui montrer le travail. « On m'a dit : "Ça, c'est un pin gris ; ça, c'est une épinette ; ça, c'est un sapin. En ordre de priorité, tu gardes les épinettes, les sapins, les pins gris. Le reste, tu mets ça à terre. Tu gardes un ou deux mètres. Ta scie, c'est ça. Tu la poses sur toi comme ça. Pour la limer, c'est comme ça." Le tout a pris environ 10 minutes, puis on m'a dit: "Go!" On m'a comme "flagué" (indiquer les sections de travail par des rubans de couleur) environ 0,1 hectare, ce qui veut dire 10 mètres par 10 mètres. "Tu commences avec ça, puis on va voir combien de temps ça va te prendre pour faire ça." Je n'ai pas revu la personne pour le reste de l'avant-midi. »

Ça se passait au lac Rodgers près de Sainte-Agnès-de-Bellecombe, pas loin de Rouyn-Noranda, et son employeur était La Forêt de demain. Il n'avait pas de débroussailleuse, on lui en a loué une pour 20 $ par jour.

« Avec ce que j'ai eu à débourser de façon directe pour toutes mes dépenses, ma première paie était négative. J'avais une paie de -18 $. J'ai mis mon crédit sur ma prochaine paie en espérant faire mieux. Étant un gars de 30 ans, j'étais moins dépourvu, étant capable de faire d'autres sortes de travail, pour mes objectifs de départ. »

La première journée a été exténuante. « J'étais fatigué, très fatigué, mais je trouvais que c'était une fatigue saine. J'apprenais à marcher dans le bois. On avait un chalet quand j'étais jeune. Je disais à mes amis que j'avais marché dans le bois… J'avais marché dans des *trails*, dans le bois. Là, je marchais dans des *patchs* de débroussaillage, dans trois pieds de quelque chose… du "stock" jusqu'aux genoux. Il faut que tu enjambes plein d'affaires. »

Le pire, c'est qu'au cours de ses deux premières semaines, il croyait avoir accompli beaucoup. Il ne s'attendait certes pas à une paie négative.

« On ne le figure pas parce qu'on ne comprend pas nécessairement la notion d'espace et de territoire. On pense qu'on en a fait gros. Tu n'as aucune mesure, aucune référence. C'est quoi un hectare ? Même si je te dis en chiffres qu'un hectare, c'est 100 mètres par 100 mètres, c'est quoi 100 mètres par 100 mètres quand tu es dans le bois et que c'est plein d'arbres ? Ça prend tellement de temps à franchir 10 ou 15 mètres ! Toi, si tu marches sur le trottoir en ville, tu vas marcher plus vite, tu vas en courir, des mètres. Alors, non, je ne savais pas que je ferais -18 $ à la fin de mes premières deux semaines. »

Cette fin de saison 2001, Bruce Gervais a travaillé dix jours au lac Rodgers, deux périodes de cinq jours. Et une autre période de dix jours à Lebel-sur-Quévillon qui a pris fin le 31 octobre. « On a passé l'Halloween dans le bois. Là, il neige. Il y en a deux, trois qui restent pour la fin du contrat parce qu'il y a peut-être des bons terrains à faire. Ce sont des initiés et ils vont avoir de belles superficies. Moi je m'en vais. Je prends le premier *lift* qui s'en vient à Rouyn, puis je m'en vais. »

Pour ce travail, il a séjourné au camp Rodgers, un camp situé dans les profondeurs de la forêt, complètement indépendant. « On est en plein milieu d'un *pit* de sable, à 150 kilomètres dans le bois. On a toutes les commodités de façon très rustique. Ce sont des chambres dans des grandes roulottes. Les chambres donnent directement dehors. En fait, ce sont des *trailers* de *van*. Tu as ton escalier, quand tu entres, c'est ta porte. On est deux par chambre. Ça se peut que ce soit quelqu'un que tu ne connais pas : des fois, t'as un problème ! Dehors il y a une tente de prospecteurs. En fait, on mange assez souvent dehors. Ce sont de bons cuisiniers à part ça. On pouvait manger végétarien, pas végétarien. On avait des gros lunchs. Là-dessus, il n'y avait pas de problème. En tout cas, au lac Rodgers, c'était super. »

À Lebel-sur-Quévillon, les conditions étaient très différentes. « On couchait dans un hôtel désaffecté où il y avait une cuisine en bas. Mais là, on ne parlait plus de *cooks* ; on parlait de sandwichs au pain blanc et baloney. On mangeait à notre faim, mais c'était *cheap* au boutte. Pour ton lunch, tu cochais sur une feuille ce que tu voulais, et tu avais à peu près ce que tu avais demandé, dans un petit sac brun. Pour le souper et le déjeuner, il y avait à peu près tout ce qu'un homme ou une femme peut vouloir manger, mais il n'y avait pas beaucoup de diversité, c'était comme juste correct. C'est quand même utile de le dire parce que ce sont des jobs qui demandent un gros 6000 calories par jour. T'as besoin de beaucoup de diversité, beaucoup de fibres. »

Le montant que doivent débourser les débroussailleurs pour couvrir leurs frais quotidiens reliés au camp était de 25 $ par jour en 2006, quel que soit le camp, mais la qualité varie énormément d'un endroit à l'autre. « On n'en a pas toujours pour notre argent », souligne Bruce Gervais.

Ce forfait de 25 $ établi par La Forêt de demain, en 2002 et qui était toujours en vigueur en 2006, se répartissait ainsi : 8 $ par jour pour le transport du camp vers la superficie de travail, 4 $ pour le coucher, 4 $ pour la nourriture et 8 $ pour l'essence de la débroussailleuse.

À la fin de sa deuxième saison complète comme débroussailleur, en 2002, Bruce Gervais a l'impression de se retrouver en plein cauchemar. « On termine notre contrat dans le canton de Montbray, où on avait de super belles conditions. On était dans une pourvoirie. Je travaille alors pour un sous-contractant de La Forêt de demain, une compagnie qui s'appelle Safari. Les conditions sont super. C'est paradisiaque. On est sur le bord de la rivière, on a de petites cabines. On a une *cook* qui, aujourd'hui, est au Best Western à Rouyn-Noranda, c'est la meilleure *cook* en ville. »

Une fois ce contrat fini, il doit changer d'équipe et retourne travailler directement pour La Forêt de demain : aucun autre contrat complet de débroussaillage n'est disponible pour Safari, son sous-traitant. « On s'en va travailler aux lignes de l'Ontario près de la 117, vers Kirkland Lake, à peu près dans le coin du mont Chaudron. On reste à Virginiatown, c'est la première municipalité après Kearns en Ontario. On couche dans un ancien presbytère désaffecté. Quand je dis "désaffecté", je devrais plutôt dire "infecté". Matelas de *foam* taché, même pas recouvert de rien. Des caisses de bière vides sont encore dans la chambre et c'est plein de poubelles dedans. Totalement insalubre. Il n'y avait même pas l'eau courante. Pour aller manger, on marche jusqu'à la cafétéria de l'aréna. On est 50 hommes qui mangeons là. Au moment de faire les lunchs, si tu arrives en retard, il ne reste plus rien parce qu'il y a trop d'hommes. La bouffe, c'est rudimentaire. Le soir, ce sont des croquettes de poulet, du pâté chinois ; et la fille, elle est toute seule pour faire la bouffe à 50 personnes. Alors, c'est surtout du surgelé. »

Quant à la question de la rémunération, elle relèverait totalement de l'arbitraire.

« C'est là la vraie controverse, dans le fond. Ça dépend de ta relation avec ton boss, ça dépend des terrains, ça dépend de tellement d'affaires. Mais, en gros, un contrat dans une compagnie de débroussaillage t'oblige à faire 1,5 hectare par semaine. On est en moyenne 10 heures par jour sur le terrain. Dans tous les contrats que j'ai signés, la norme, c'était de 1,5 hectare par semaine pour ne pas être renvoyé. Tu dois faire 3 hectares par 15 jours. Par jour, tu fais 0,3 hectare. Ça veut dire que 1 hectare, tu fais ça en 3 jours et un tiers. À la fin, j'étais capable de faire 2 hectares par semaine. Ce qui me prenait 50 heures. »

Suivant le taux de difficulté du terrain, le prix payé à l'hectare diffère.

« Dans le terrain très difficile, j'étais payé 550 $ l'hectare ; ça, c'est un hectare difficile. Je n'ai pas vu souvent des 600 $ l'hectare, c'est très rare. Mais des hectares à 550 $, c'est difficile. À ce moment-là, je n'en aurais pas fait deux. Avec ce que j'ai développé comme expertise là-dedans, à 550 $ l'hectare, je fais mon 1,5 hectare. Je me trouve donc à faire 775 $ pour 50 heures de travail, ce qui revient à 15,50 $ l'heure. Mais là-dessus, on va enlever 125 $ pour les frais. Le salaire tombe à 12 $ l'heure. »

Des contremaîtres le lui ont dit souvent : pour être débroussailleur, il faut accepter la misère. « Moi, on me disait que je n'étais pas fait pour faire ce travail-là et qu'il y en avait d'autres qui faisaient cela bien mieux que moi. »

Un des contremaîtres m'a déjà dit : « Tu sais, mon Bruce, on naît forestier. Il faut accepter la misère qui va avec. Si tu ne peux pas accepter la misère qui va avec, tu ne peux pas être un forestier. »

Si 750 $ par semaine suffisent pour toucher ses prestations de chômage, pourquoi devrait-on se faire mourir pour toucher quelques dollars de plus ? se demandent plusieurs travailleurs.

« Il faut savoir qu'il y a moyen d'avoir des paiements différés ou d'être capables de "stocker" cela en primes d'éloignement qui sont libres d'impôt, rétorque Bruce Gervais, et c'est là qu'entrent en jeu tout le subjectif, les belles superficies. Ça marche au bonus, si t'as "toffé" toute la saison et que t'as pas chialé, si tout a bien été et que t'as pas fait de merde à tes boss, si tu as été un bon mouton et que tu as travaillé fort toute l'année, alors les belles superficies qu'on garde pour la fin, on va te les donner. Tu viens que tu as de l'expérience, et tu sais où il est, le plus beau du terrain. Si tu finis avant les autres, que t'es un peu plus athlète et plus vite, tu y arrives avant les autres. Il y a aussi d'autres considérations, comme les méthodes de travail. C'est au pourcentage que c'est calculé, la qualité. »

Le travail est évalué assez souvent, ajoute Bruce Gervais. « Plus il y a de sous-contractants, plus il y a de vérifications. Avec un sous-contractant comme La Forêt de demain, ton *foreman* va venir analyser ta *patch*, il va prendre une parcelle, donc un pourcentage de ta superficie traitée. Il va en prendre à deux, trois places, c'est comme avec un sondage d'opinion. Il peut dire : "Bon, tu passes à 84 %. Ça te prend 90 %. Retournes-y." »

La valse des vérifications se poursuit ensuite avec les grandes forestières, comme Tembec ou Norbor, qui demandent aux sous-traitants de travaux sylvicoles de leur rendre des comptes. Ensuite, un représentant du ministère des Ressources naturelles ira faire ses propres tests. C'est après tout ce processus que le travailleur récoltera finalement sa paie.

Tout en étant payé au rendement, le débroussailleur voit son travail traduit en heures aux fins de l'assurance-emploi. Une méthode peu précise finalement, mais il est difficile de faire autrement.

« On ne "punche" pas. C'est impossible de "puncher", explique Bruce Gervais. Ça prendrait un surveillant pour chaque gars. Il y a des gars qui, en cinq "tankées" de machine, sont capables de faire la même superficie qu'un autre en huit. Parce qu'ils travaillent mieux, parce qu'ils sont plus performants, parce qu'ils ont des trucs. Il y en a qui sont des bons "botcheux", d'autres qui sont des bons travaillants. »

Tout en se prêtant au « jeu » du débroussaillage, plusieurs travailleurs sylvicoles ont affirmé ne pas croire à l'efficacité de cette méthode. Ça dépend de la méthode, estime Bruce Gervais, tout en précisant qu'il n'est pas un spécialiste.

« À partir du début, tu as deux choix de traitements. Tu as eu une coupe à blanc à la base. Après cela, il y a des gens qui sont allés dans la coupe à blanc et qui ont planté des arbres. On appelle cela une plantation. Après cela, 5, 10 ans après, il y a des débroussailleurs qui s'en vont là et qui coupent tout ce qui a commencé à pousser autour des arbres plantés pour du dégagement de plantation. Ça, c'est le scénario un. Le scénario deux, c'est l'éclaircie précommerciale, ça veut dire que c'est une coupe à blanc ou une coupe de régénération qui a été laissée en repousse naturelle. Nous autres, on va sculpter dans les superficies. On laisse un arbre aux deux mètres en rangée, mais ce sont des arbres qui ont poussé naturellement puis là on priorise certaines essences comme des épinettes, des sapins, des pins gris. Si c'est efficace, je ne peux pas le dire. Je ne suis pas un ingénieur forestier. Selon moi, si c'est fait au bon moment, c'est efficace, mais, pour la récolte, dans le but de récolter une forêt, donc dans le but d'une forêt commerciale, oui c'est probablement efficace. Toujours dans le but d'être rebûchée dans pas grand temps. »

À sa cinquième saison comme débroussailleur, il s'est rendu compte qu'il s'enfonçait, qu'il voyait des choses qu'il n'aimait pas. « J'ai lâché. Je comprenais trop ce que je faisais et je me disais : mon Dieu ça n'a pas d'allure, ça n'a pas d'allure. Ça m'a pris ben du *guts* pour lâcher, je travaillais avec des gens que je connaissais depuis longtemps. »

Sa dernière saison complète, il l'a vécue au Lac-Saint-Jean, où il rentrait le soir dans un village isolé, peuplé de quelques habitants, mais surtout de beaucoup de détresse humaine. Bien loin des beautés sauvages qu'il avait croisées dans la forêt abitibienne. « Des jeunes en quatre-roues qui se promènent sans casque, du monde qui boit de la bière, des petites filles de 14 ans qui courent après les débroussailleurs. »

« Quand tu es dans le bois, tu peux aller pêcher, c'est super tranquille. Tu as tout ce qui va avec le bois, tu es dans un camp forestier, mais quand tu restes dans un village, dans un appartement… Je n'avais personne à qui parler… Comment peux-tu trouver une motivation pour faire ton travail dans un tel environnement ? »

Un petit côté urbain que Bruce Gervais n'avait pas le goût de vivre. « Il n'y avait rien pour moi là. J'ai fait la saison au complet en 2005. On a changé de compagnie deux fois et ç'a été la folie. »

Ce qu'il retient de son dernier contrat, ça relève plutôt du cauchemar. « La dernière saison, on était une équipe itinérante avec Safari. On est allés travailler pour des compagnies au Lac-Saint-Jean. On s'est fait complètement entourlouper sur bien des contrats complets. On a eu de la fausse information sur les prix. On te dit que c'est 11 000 tiges à l'hectare en moyenne, et que le prix, c'est 325 $, sauf qu'on réalise qu'il y a comme deux contrats qui ont été unis un à l'autre et que la moyenne est faite sur les deux. Moi qui suis un travailleur de trois saisons, capable de faire mon 780 $ par semaine, bien, je me ramasse que je fais 60 $ par jour à la fin, et ce dans une montagne incroyable. Même les meilleurs travailleurs ne faisaient pas leur paie là-dedans. On avait trois kilomètres à marcher, le matin et le soir. On avait 4 quatre-roues pour 16 hommes. De toute façon, le quatre-roues ne pouvait pas se rendre jusqu'au bout. Et moi, j'ai été un des chanceux qui a eu un quatre-roues pour faire quand même un bout. On était tellement écœuré de m'entendre chialer qu'on m'a dit : "Écoute, prends-le, le quatre-roues" et on m'a donné le plus neuf, en plus. »

Lors d'un contrat géré par Forêt RDR, aux abords de la rivière Péribonka, au Lac-Saint-Jean, il n'y a pas eu d'eau pendant deux jours au camp. « On a tellement vécu d'affaires horribles. Des journées complètes où on n'avait pas d'eau parce qu'elle était contaminée. Deux jours pas d'eau, au camp, voyons ! On a eu de l'eau sur le terrain, mais le camp n'avait pas d'eau. On a dû s'arranger par nos propres moyens pour l'eau. »

Parmi ses collègues de travail, il y en avait peu qui détenaient plus qu'un diplôme de 5e secondaire. Le fait d'être scolarisé ne l'a pas aidé dans ses tentatives de revendications. « C'est la loi du nombre, c'est la force de l'isolement. J'ai tenté de revendiquer des choses. J'ai eu une fin de non-recevoir. Je suis identifié comme une tête forte… par mes propres amis, d'ailleurs. »

Mal pris, retournerait-il travailler comme débroussailleur ?

« Il faut que je sois honnête. Je pourrais reconsidérer travailler dans ce domaine-là. Je suis capable de le faire. Je sais que, demain matin, je m'en vais dans le bois et je peux aller me faire une paie. Puis, ce que je peux dire de très important, c'est qu'aujourd'hui je prendrais mon *pick-up*, mon quatre-roues, ma débroussailleuse et je serais indépendant du forfait en question (frais pour la pension, le transport, etc.). Je ne serais pas un travailleur indépendant autonome parce que ce n'est pas censé exister de la manière dont l'industrie est faite, mais je serais au moins indépendant de transport, indépendant du forfait qu'on offre parce que c'est quand tu choisis de faire partie du forfait que tu n'as plus le contrôle. »

Bruce Gervais n'a pas eu à ressortir son équipement de débroussailleur. En octobre 2009, il animait sa propre émission à Radio-Canada Abitibi.

CHAPITRE 4

Rencontre avec un vrai boss

Tu n'as rien vu à Mistassini, me suis-je dit, en délirant à la Duras comme dans *Hiroshima mon amour.*

Au retour, j'ai constaté que ma rencontre avec le boss manquait d'un peu d'éléments de vérité.

Le problème, quand on rencontre le méchant, c'est qu'après avoir passé six heures avec lui dans SON camion, sur SON chantier, à rencontrer SES débroussailleurs ; après qu'il nous a parlé de SA femme, de SES enfants et de SON dos brisé par le travail en sylviculture, on lui trouve un côté... humain. On a même accepté une bouteille d'eau venant de lui. On s'est compromise.

On peut utiliser ou manipuler l'homme, qui ne demande pas mieux que de parler de la réussite de sa vie (comme l'a fait un producteur de porcs dans *Bacon, le film*, du réalisateur Hugo Latulippe), ou l'on peut écouter ce qu'il a à dire... et tenter de savoir ce qu'il n'a pas dit. C'est ce qu'il n'a pas dit que j'ai retrouvé dans la littérature judiciaire.

Au moment de notre rencontre en octobre 2007, Mario Richard, président depuis 14 ans d'Aménagement Myr, travaillait essentiellement comme sous-traitant en débroussaillage pour la compagnie Bowater (avant qu'elle fusionne avec Abitibi-Consolidated). Le camp où nous nous rendons est situé au kilomètre 81, dans le secteur Banc-de-sable. La ville la plus près est Dolbeau-Mistassini. Nous sommes au Lac-Saint-Jean.

Des témoignages venant du milieu ne présentaient pas Mario Richard nécessairement comme un patron cool, admettons. Les quatre accusations de fraudes portées contre lui, sa conjointe et sa compagnie en 2004, ainsi que le jugement posté sur le site de l'Agence du revenu du Canada le 9 janvier 2009 en référence à d'autres fraudes fiscales faites par son entreprise le confirment : non, ce n'est pas un patron cool.

Dans le dossier portant le numéro 155-01-000309-047, qui fait suite à une vaste enquête de la GRC, il est indiqué que Mario Richard, Josée Laliberté, Aménagement Myr ont été accusés de complicité et de fabrication de faux documents à quatre reprises pendant les années 1999, 2000, 2001 et 2002. « Des relevés d'emploi, des comptes de dépenses et des factures, les sachant faux, avec l'intention qu'ils soient employés ou qu'on y donne suite comme authentiques au préjudice de la direction des ressources humaines du Canada commettant ainsi l'acte criminel prévu à l'article 367a) du Code criminel. »

Le plaidoyer de culpabilité a entraîné l'abandon des procédures contre Mario Richard et Josée Laliberté, et c'est la compagnie Aménagement Myr qui a été condamnée à payer trois amendes de 12 500 $ chacune en 2004.

Cinq ans plus tard, le 8 janvier 2009, on retrouve ce jugement sur le site de l'Agence du revenu du Canada : « La société Aménagement MYR Inc. de Dolbeau-Mistassini et son dirigeant ont plaidé coupable à des accusations de fraude fiscale devant la Cour du Québec. Ils ont été condamnés à payer des amendes respectives de 6683 $ et de 7186 $, ce qui représente la totalité de l'impôt fédéral qu'ils ont tenté d'éluder. En effet, l'enquête, qui a été menée par l'Agence du revenu du Canada (ARC), a démontré que, pour l'année d'imposition 2002, l'entreprise forestière spécialisée dans le reboisement et le dégagement des forêts a déduit des dépenses inadmissibles totalisant 30 007,22 $, ce qui lui a permis d'éviter 6683 $ en impôt fédéral. Quant au dirigeant de la société, il a tenté d'échapper à un paiement d'impôt de l'ordre de 7186 $ en omettant de déclarer des revenus totalisant la somme 40 211,20 $ pour l'année 2002-2003. »

Ces données sont publiques. Les compagnies majeures qui donnent des contrats à des sous-traitants comme Aménagement Myr devraient peut-être y jeter un coup d'œil.

Revenons donc à notre visite guidée avec Mario Richard. Il m'avait averti que son chantier était composé d'installations mobiles. On y retrouve de vraies roulottes pour les contremaîtres et les techniciens. Pour les débroussailleurs, ce sont des genres de grands conteneurs, aménagés avec des salles de bains rustiques. Pas le grand luxe, jusqu'à sept lits par unité, mais Mario Richard m'affirme que seulement quatre lits sont occupés. Des sacs de couchage ou des draps sont pourtant installés sur tous les lits. Ça doit être pour la visite improvisée qui décide de venir passer la fin de semaine…

Parmi les choses qu'il ne m'a pas dites, il y a bien sûr ces fraudes de milliers de dollars dont il s'est reconnu coupable en juin 2004 et 2009, mais il n'a pas caché cette accréditation syndicale obtenue en 2001 avec la CSN et qui est tombée à l'eau en 2002. « Les gars en voulaient pas de syndicat. » Il y a aussi la plainte déposée contre lui par Kalifa Belgacem le 30 avril 2006, une demande en autorisation de recours collectif concernant l'équipement de santé et de sécurité au travail, dont il n'a pas parlé non plus. Quand je lui ai posé la question, il a réagi en me disant que ça l'avait fâché. « J'étais en crisse, il est arrivé avec son équipement. Pourquoi j'aurais payé pour de l'équipement qu'il avait déjà ? »

La personne désignée dans cette demande en autorisation, Kalifa Belgacem, réclame « la somme de deux cents dollars et trente-deux cents (200,32 $), plus les taxes applicables, à titre d'indemnité pour l'achat et l'entretien de ses équipements de sécurité individuels, le tout avec intérêts plus l'indemnité additionnelle prévue par la loi à compter de la signification de la présente ».

J'avais justement demandé une entrevue avec Mario Richard après avoir trouvé dans mes recherches qu'il faisait l'objet d'une plainte.

C'est un peu par hasard que je me suis retrouvée sur son chantier le 11 octobre 2007. La veille, j'étais allée à son bureau pour lui dire qu'il fallait déplacer notre entrevue prévue pour le lendemain : je devais me rendre à Girardville dans le but de rencontrer des débroussailleurs. On m'avait dit qu'il n'y en avait plus à Dolbeau-Mistassini, qu'ils avaient plié bagage. Pourtant, ce jour-là, il m'a affirmé qu'il en restait au moins 45 sur son chantier. Il m'a offert de monter avec lui pour voir ça. Nous en avons rencontré deux. « Les autres sont trop loin », m'a-t-il dit.

Nous voilà donc sur le chemin de la Bowater, à 8 h du matin, ce 11 octobre. Cette fois, j'ai mis mes bottes, deux paires de pantalons et des vêtements chauds. Pourtant, la journée sera belle et les paysages, à couper le souffle.

Dans sa jeunesse, Mario Richard jouait au hockey. Mon neveu Fabien aussi, celui qui me servait de chauffeur. Leurs regards se sont croisés. Il y en a certainement un des deux qui a projeté l'autre contre la bande, à un moment donné! Mario Richard faisait partie de l'équipe de Saint-Ludger-de-Milot, où il a grandi. Il a été élevé à gagner son pain durement. A quitté l'école jeune pour terminer plus tard son 5e secondaire avec des cours du soir.

Il ne nie rien de ce qui circule dans le milieu sylvicole. Le travail au noir, oui c'était vrai, les contrats en dessous de la table aussi, le *cash* qui passait d'une main à l'autre pour reprendre un travail mal fait. Il en a profité lui aussi quand il travaillait comme débroussailleur. En fait, il en a profité pas mal plus qu'il ne le dit. Tout le monde l'a fait, souligne-t-il. Du favoritisme, il en a vu et il dit en avoir souffert aussi. Il se trouve qu'on n'est pas toujours du côté d'où tombe la manne (c'était avant qu'il la fasse tomber de son côté). Même s'il affirme n'avoir jamais eu à verser des pots-de-vin pour avoir de belles *patchs*, il assure n'avoir jamais bénéficié des privilèges réservés à la famille ou aux amis. Et il a décidé que, lorsqu'il aurait son entreprise, ça ne se passerait pas comme ça. Que tout le monde aurait un traitement égal. Il faut dire que la bombe du chanteur Richard Desjardins en 1999, avec son film *L'Erreur boréale* portant sur les coupes à blanc dans les forêts québécoises, a mis au jour une situation fort embarrassante pour le ministère des Ressources naturelles et pour l'industrie.

Sans ces milliers de dollars de fraude et quelques autres vétilles, il serait l'homme d'affaires presque parfait. Antisyndicaliste, direct, travailleur, prêt à prendre des risques et même à se battre, comme ça lui est déjà arrivé pour sauver sa peau le jour où un employé qu'il avait congédié est entré dans sa roulotte en le menaçant avec un bidon d'essence et un briquet. «Je l'ai sorti assez vite. Je suis capable de me défendre.»

Dès l'âge de 13 ans, Mario Richard suivait son père en Ontario pour travailler aux récoltes. Il revenait en octobre pour commencer l'école avec un mois de retard. Il est devenu travailleur forestier à 18 ans et débroussailleur à 22. Il en avait 41 lors de notre rencontre en 2007. « Je faisais la plantation, qui durait 10 semaines, après je tombais sur l'équipe de débroussaillage qui allait jusqu'aux neiges. J'étais le seul des reboiseurs qui faisait du débroussaillage. »

Les techniques de débroussaillage élaborées en Suède n'étaient pas encore connues ici. « J'ai commencé avec la scie mécanique, ce qui n'était pas un outil pour ça. Sur 100 personnes, il y en avait une qui pouvait réussir. Il fallait travailler penché toute la journée. C'était pire que planter des arbres et planter des arbres, c'est le pire que j'ai vécu dans l'aménagement forestier. »

Les débroussailleuses, ces scies circulaires qui servent à couper les pousses indésirables sont arrivées au début des années 1990. « Personne ne voulait prendre ça parce qu'on ne faisait pas d'argent au début. Personne ne savait comment l'utiliser. On prenait ça dans nos mains, puis on disait : "Tabarnak, 'qué cé ça' ?" On mettait ça de côté, puis on reprenait notre scie mécanique jusqu'à ce que la coopérative décide de nous faire former par des Suédois. On a eu cinq semaines de formation. C'était la première formation donnée ici au Québec. »

Avant de se lancer en affaires, Mario Richard a débroussaillé pendant huit ans. « J'ai appris ce que le débroussailleur avait besoin. J'ai appris ce qui était difficile, quels étaient les gros problèmes, pourquoi on faisait moins d'argent ou qu'on n'en faisait pas. Alors, quand je suis parti en *business*, je savais tous les problèmes. Chez nous, je n'ai jamais eu de problèmes de personnel parce que je sais comment les prendre (les employés) parce que je comprends la job. C'est pas comme un autre entrepreneur qui a jamais coupé un arbre et qui se crée une *business*. Ça, c'est pas bon parce que tu comprends pas le travailleur. Moi, je suis capable de le comprendre, je l'ai fait. »

À l'entendre, Mario Richard offre la situation idéale à celui qui arrive pour travailler chez lui. « Au début, ça coûte 2000 $ pour s'équiper. Il y en a qui n'ont pas d'argent. Ce que je fais, je vais voir des compagnies qui vendent des débroussailleuses, j'achète 80 débroussailleuses et je les "backe" aux gars. Eux, ils ont toute la saison pour me payer cela à 50 $ par semaine. Ils sont capables de venir travailler, même ceux qui n'ont pas d'argent, et moi, ça me fait du personnel de plus. Alors qu'ailleurs, ils ont besoin de leurs scies avant de commencer, de tout leur équipement. J'ai des quatre-roues qui voyagent le stock des gars quand c'est loin ; eux autres, ils marchent à pied, mais pas de stock sur le dos, pas de scie. C'est moi qui les voyage avec des autobus, ça fait qu'ils n'ont pas besoin de véhicule chez nous. Ils ont sensiblement le même prix de l'hectare que partout ailleurs. »

Ses hommes seraient ainsi équipés pour passer à travers la première année. La pire, mais encore faut-il pouvoir la passer, cette année.

« Le reste, c'est facile. La première année, c'est bon quand même parce que tu réussis à faire ton "timbre de chômage". Tu ne fais pas beaucoup d'argent parce que tu as beaucoup de dépenses et que tu produis moins. Mais tu réussis au moins à te qualifier pour l'assurance-chômage pour passer un hiver pas si pire. La deuxième année, quand tu es un bon travailleur en forêt, tu fais de l'argent, ça c'est sûr. »

Qui, honnêtement, peut se permettre de perdre une année de salaire ? « Il y a souvent des pères de famille qui ne veulent pas sacrifier une année. Que ça aille mal, c'est de valeur parce qu'il y aurait des crisse de bons travailleurs là-dedans. Il y en a qui sont venus s'essayer. Mais quand ils ont vu que ça faisait un mois qu'ils travaillaient et qu'ils n'avaient pas une cenne, ils aimaient mieux aller travailler chez Provigo à 8 $ l'heure pour être sûrs d'avoir un revenu. »

Il y a toujours l'effort physique que le travail exige. « C'est pas des moumounes qu'y faut qui aillent dans le bois, ça, c'est clair. On s'en cachera pas. Mais ça se fait. C'est pas compliqué, il faut passer la première année. Pour chaque débroussailleur. Même moi quand j'ai débroussaillé la première année, hostie, j'en ai arraché. J'étais assis sur une souche une fois de temps en temps, puis je me demandais ce que je faisais là, mais j'aimais la job. Je me disais : si les autres le font, je vais le faire moi aussi. Mais ça n'a pas pris un an avant que je commence à faire de l'argent. Il y en a que ça prend deux, trois mois ; il y en a qui sont vraiment plus habiles que d'autres. Il y en a que ça fait cinq ans qu'ils débroussaillent et qui ne font pas d'argent encore. Mais ils n'ont pas le choix : ils n'ont pas autre chose. Ils se qualifient au moins au chômage. Ils ne veulent pas en faire plus. »

C'est sans doute pour cette raison que les employeurs sont toujours à la recherche des débroussailleurs et que même Mario Richard a dû s'engager un recruteur d'origine africaine, Amadou Traoré, pour attirer des travailleurs de Montréal en région. Ce même Amadou Traoré, qui a adhéré au Regroupement des travailleuses et travailleurs sylvicoles du Québec le 24 juillet 2004, avait porté plainte en septembre de la même année pour congédiement pour pratique interdite, alléguant des mesures discriminatoires alors qu'il était à l'emploi de La Forêt de demain en Abitibi. La Commission des relations du travail a par ailleurs rejeté sa plainte le 24 novembre 2005 à la suite d'une décision du commissaire Alain Turcotte.

Les Québécois de souche ont délaissé le travail de débroussaillage. Il en reste peu. De là la nécessité de recruter parmi les communautés culturelles.

« Dans le milieu des gens qu'on connaît, c'est tout du monde qui veut pas débroussailler, précise Mario Richard. En 1997-1998, j'avais des Québécois (de souche) quand j'ai commencé ma première compagnie. On était 17 travailleurs québécois. En 1997, les Roumains sont entrés dans le domaine, et, en 1998-1999, j'avais 80 Roumains. C'est devenu l'essentiel de mes travailleurs. Il a fallu s'adapter. J'en ai pogné des fous puis des malades là-dedans, qu'il a fallu que je mette dehors. On les a formés. Avant de commencer une *run*, je prenais 50 débroussailleurs et c'est moi-même qui les formais. Moi, j'ai toujours formé mon monde à chaque printemps. »

Il admet que, les premières années, on ne vérifiait pas trop les papiers des nouveaux arrivants. « Je demandais les permis de travail, mais je ne poussais pas plus loin la recherche parce j'étais tout seul dans la compagnie avec un associé. Plus ça va, plus on nous demande de vérifier les numéros d'assurance sociale qui commencent avec 9, si c'est bien la bonne personne, si elle a son permis de travail. À venir à date, je n'ai pas eu de problèmes avec ça. On sait qu'il se trafique beaucoup de papiers. On ne sait même pas si ce sont de vrais papiers ou non. Si, en faisant une vérification, ça me dit que le numéro d'assurance sociale est bon, que ça va avec ce nom-là, si la photo qui est sur le permis de travail ressemble à ce gars-là… À un moment donné, il faut arrêter là. »

Depuis quatre ou cinq ans, ce sont les immigrants d'origine africaine qui ont pris le pas sur la communauté roumaine, souligne-t-il. « La dernière décennie, ce sont les Roumains qui avaient le monopole. Avant, c'étaient les Québécois, maintenant ce sont des Africains qui sont en train de prendre le monopole de l'aménagement. »

Le premier immigrant d'origine africaine qui est arrivé chez Aménagement Myr pour avoir sa formation portait une cravate. « On a comme ri un peu. Je lui avais dit : "C'est pas comme ça que ça se passe." Il avait 50 ans et il avait été garroché chez nous je ne sais pas comment. Il s'est aperçu qu'il était trop vieux pour faire cette job-là. Il m'a amené un cousin plus tard qui avait 25 ans et ç'a commencé par lui. L'année d'après, il est arrivé avec trois autres qui sont encore chez nous, d'ailleurs. »

Quand il parle des communautés culturelles, Mario Richard ne fait pas dans le politiquement correct. « N'importe laquelle des cultures, ce sont des brasseux de marde quand ils sont majoritaires. Je te dirais que ç'a brassé, que ça brasse. Quand ils sont majoritaires, oublie cela, tu vas avoir de la marde. Je ne m'en cacherai pas. Ça m'est arrivé avec des Roumains en 2000. J'ai fait une erreur. Ils étaient majoritaires. Ils ont voulu faire des grèves... De vouloir faire une grève, de s'asseoir et de dire : nous autres, tu vas nous donner tes culottes ou on s'en va. Là t'es pogné parce que t'as engagé juste eux autres. Tu es pris pour répondre à leurs exigences. Je leur ai donné ce qu'ils voulaient, mais l'année d'après, je les ai tous envoyés chez mon compétiteur à côté. Moi j'ai gardé ceux qui étaient corrects. Il faut que tu les sélectionnes comme les Québécois. Tu gardes ceux que tu penses qui sont pas trop meneux de troubles. »

Et pour ne pas avoir de « troubles », pour éviter donc les revendications, il applique sa propre méthode pour les « casser », l'expression est de lui.

« Si j'ai besoin de 80 personnes, je n'en engagerai plus jamais 80 de la même "race", que ce soit noir, roumain ou même québécois. Je les ai cassés. Même les Québécois, s'ils sont 80 de la même race, pour te faire chier, ils vont rentrer le syndicat. C'est leur manière. »

Ce ne sont que les plus résistants ou les plus forts qui restent, selon lui. « Les Roumains qui sont assez forts, ça va être 8 sur 10 qui vont réussir à passer la première saison. Les Africains, c'est entre 7 sur 10, 8 sur 10. Si je fais venir 40 Africains l'année prochaine et que je leur donne de la formation, à la fin de la saison, je vais en avoir encore 30, 35. J'ai déjà fait venir 40 Québécois et à la fin de la saison, on en avait 3. »

Le problème de la sous-traitance, relevé par Legendre et Dubois dans leur livre, est encore très présent. « Je ne cacherai pas qu'en 1999, les Roumains étaient tous forts là-dessus. C'est pourquoi je ne veux pas de Roumains chez nous, ils étaient tous travailleurs autonomes et ç'a l'air que c'est illégal. Ils ont essayé de trouver des formules pour les faire travailler, mais ça, il paraît que c'est illégal. S'ils veulent travailler comme ça, on leur dit d'aller s'incorporer, de s'enregistrer à la CSST et là on signe des contrats avec eux autres pour être sous-contractants légaux. Mais, avant ça, c'est pas comme ça qu'ils faisaient, ils arrivaient comme travailleurs autonomes avec un petit papier de compagnie, des numéros de TPS, de TVQ. »

Mario Richard affirme qu'il ne se fait plus de travail au noir. « Les premières années, ça se faisait beaucoup, le travail au noir. Mais ça se fait plus depuis quatre ou cinq ans. »

Par ailleurs, Aménagement Myr embauche encore des travailleurs « incorporés » de temps en temps. « Ce ne sont pas des travailleurs autonomes, ce sont des incorporations.

Ils sont tous seuls dans leur compagnie. Ce sont des compagnies. J'en ai pour certains contrats à l'occasion. Mais pas pour la Bowater, ils me l'interdisent. »

Les revenus de 1500 $ à 2000 $ par semaine, parfaitement irréalistes en débroussaillage, selon certains, existeraient pourtant dans son entreprise.

Deux travailleurs d'origine africaine rencontrés sur le chantier ont affirmé tirer un salaire d'environ 1500 $ par semaine. Deux « gros » travailleurs commente Mario Richard. Révérin Mpabonimana, 24 ans, en est à sa quatrième année chez Aménagement Myr, et Célestin Sebeya, 41 ans, était enseignant au Burundi avant d'arriver au Canada. Ils semblent satisfaits de leur sort. Célestin Sebeya habite maintenant Hamilton en Ontario, mais il revient au Lac-Saint-Jean pendant près de six mois pour y travailler six jours par semaine sans retourner chez lui. Ils n'ont pas l'air épuisés, le sol est assez solide et la température, juste assez fraîche. Ils se plaignent un peu du terrain, mais « tout le monde se plaint », rajoute Mario Richard par la suite. Et ce ne sont pas les plus vaillants comme ces deux-là qui se plaignent le plus, selon lui.

« Les débroussailleurs se lamentent toujours. C'est moi qui fais les paies, elles sont ici en arrière, dit-il en montrant une enveloppe sur le siège. Il y en a qui font 3000 $ ou 4000 $ par deux semaines, tu te dis : ouais ils ne sont pas à plaindre. Ça prend des beaux terrains, mais quand tu es habitué après deux ans d'expérience, que ton terrain soit sale ou pas, tu vas être capable de passer au travers. »

L'homme d'affaires n'a pas de pitié pour ceux qui ne réussissent pas. « Écoute bien la stratégie qui se passe dans le bois. Les anciens qui sont là depuis quatre ou cinq ans et qui gagnent 2000 $ par semaine, ils ne peuvent pas venir chialer. Ils font de l'argent. Mais quand les nouveaux arrivent, les anciens se servent d'eux pour les faire parler, les inciter à la grève. Ça, c'est normal, je m'en rappelle, on l'a déjà fait aussi. Le nouveau qui arrive, c'est lui qui va dire: "Maudit tabarnak, c'est pas payant!" Lui qui crie le plus, c'est toujours lui qui n'a pas fait d'argent. Et s'il n'a pas fait d'argent, quand il descend en ville à Montréal, il arrive dans les hôtels, il va pas dire qu'il est vache. Il n'y en a pas un qui va dire qu'il est vache. Il va dire que la compagnie, c'est des crosseurs, qu'ils paient pas. Ça, c'est ce qui arrive le plus souvent. Il ne faut pas écouter le débroussailleur qui est à l'hôtel. C'est lui qui n'a pas réussi, qui n'a pas donné assez d'efforts. »

La règle est simple, selon Mario Richard. « Le travailleur qui fait 1500 $, 2000 $ par semaine dans le bois, à 5 h le matin, il est debout, à 5 h le soir, il arrête sa scie. Il fait ça de cinq jours à six jours par semaine. Le Québécois il veut juste faire son "gros timbre". Lui, après trois jours, souvent il a crissé le camp. »

Pendant qu'on circule sur la chemin de la Bowater, on aperçoit des employés du ministère des Ressources naturelles. Ils sont au moins une vingtaine. Le commentaire ne tarde pas à venir. « Ça prend peut-être 100 personnes qui travaillent dans le débroussaillage ici pour payer leurs salaires. C'est rendu au Québec qu'on a plus de mangeux de crevettes que de mangeux de sandwiches. »

Pour lui, les fonctionnaires, les syndicats, ça semble la même chose. « J'ai peut-être une mauvaise opinion des syndicats, mais je me suis toujours dit: une *business*, si t'en veux une, fais-toi-z'en une. Si t'es pas capable de t'en monter une parce que t'es pas capable de faire "virer" 80 personnes comme je le fais depuis 14 ans, avec toutes sortes de monde...

Je pense que j'étais ben mieux quand je débroussaillais. C'est pas mal plus facile de débroussailler que de faire ce que je fais présentement. »

Alors, négocier avec un syndicat, comme ça se fait dans d'autres entreprises du même genre ou un peu partout ailleurs dans le monde du travail, n'est donc pas une solution pour lui.

« Je ne crois pas à cela comme façon de travailler, parce que le syndicat rentre dans une place quand le monde n'est pas content. Si t'es pas content de travailler dans une cabane à patates, hostie, parce que tu es payé 1 $ de l'heure, puis que tu devrais être payé 7 $, je comprends qu'ils fassent la grève, qu'ils veulent le syndicat, ça c'est correct. Mais moi, tant que les gars chez nous sont égaux à ceux qui sont syndiqués au point de vue salaire, même supérieurs à ce qu'ils ont ailleurs où ils ont des syndicats, qu'est-ce que ça leur donne les syndicats ? Ça pénalise parfois, les syndicats. »

À son chantier, il y aurait, selon ses dires, environ 30 % des débroussailleurs qui gagneraient entre 1500 $ et 2000 $ par semaine. Il se dit plus à plaindre que le débroussailleur. « À les endurer avec le ramadan… À endurer de me faire traiter de crosseur… Quelqu'un vient travailler chez nous : je lui "backe" une scie à 1200 $; le lendemain matin, je m'aperçois qu'il est parti avec ma scie, je viens de perdre 1200 $. Ça, personne le sait. On s'en câlisse. Mais le débroussailleur, il fait pitié. Non, non, il fait pas pitié pantoute, pantoute. Pas chez nous, en tout cas. À des places peut-être, mais chez nous, il ne fait pas pitié. Je fais bien plus pitié qu'eux autres parce que moi, j'ai un chiffre d'affaires de 2 millions. Je vais peut-être faire un trou de 50 000 $ cette année, mais eux autres, ils vont tous avoir leurs "gros timbres" de chômage. Puis, ça va bien aller. »

Pire que ça, selon sa vision, Mario Richard croit que les entrepreneurs en aménagement sont les victimes collatérales des ratés de l'industrie forestière qu'on a dénoncés dans le film *L'Erreur boréale*. Le documentaire du chanteur Richard Desjardins aurait tout chambardé. « Je suis content que tu sois là, parce qu'écoute bien ce que je vais te dire : avant 1999, les industriels, ceux qui coupent les arbres, faisaient ce qu'ils voulaient. Avec Richard Desjardins, ç'a réveillé le ministère des Ressources naturelles. Comme un travailleur qui met un pied dans un nid de fourmis rouges. Tout le monde se réveille. Quand Richard Desjardins a fait ça, le ministère s'est réveillé et s'est dit : "Woh ! On vient de se faire faufiler en hostie par les industriels !" Ou ç'a été caché, ou il y a eu une peur de l'industriel. Il y a une guerre entre eux autres : l'industriel et le ministère. Il y a une guerre qui se passe. Dans cette guerre-là, c'est dur d'abattre le ministère, et pour le ministère, c'est dur d'abattre l'industriel. On en a des petits. (Ils disent :) "Les gars d'aménagement forestier, ils sont pas durs à écraser, eux autres. C'est ce qu'on va faire pour montrer qu'on est capables de donner des tickets à des travailleurs forestiers..." C'est comme une police qui pogne toujours le gars de 30 ans ou le petit flo qui fume du pot au lieu de pogner le gars avec une cravate qui roule à 160 kilomètres. Ça se fait de même dans la forêt aussi. Ce qui est arrivé, c'est que le ministère, ça je l'ai vécu en 1999-2000, s'est mis à faire des parallèles, des vérifications, à être écœurant pour que la qualité soit A-1. »

Le débroussailleur avait déjà de la difficulté à faire de l'argent, selon Mario Richard, et le ministère se serait jeté sur le secteur de l'aménagement forestier pour se refaire une crédibilité aux yeux du monde.

« Les coupes avaient été mal faites. Desjardins l'a mis sur cassette puis cela les a frustrés. Au lieu de donner des amendes à ceux qui se sont rempli les poches, qui sont venus vider nos forêts… Non, non, on va prendre des petites compagnies québécoises ici qui font de l'aménagement et eux autres, on va les couper. On va leur enlever des 20 000 $ par année, et ça se fait aussi dans le reboisement. Ils appellent ça la "coupure du plan non conforme". À tous les projets, j'ai un 10 000 $ ou un 20 000 $ qui part, qui est coupé, qui est une amende. Parce que la job, on a fait un hostie d'effort pour la faire, mais selon les normes qui ont été faites dans les bureaux, quand ils arrivent dans le bois, c'est pas tout à fait la même chose. Alors nous autres, ils coupent, ils coupent, ils nous écrasent. »

Les débroussailleurs devraient être louangés pour leur travail, mais ce sont eux qui écopent, soutient l'entrepreneur. « C'est nous autres qui refaisons les forêts, on a le courage de venir travailler. Puis la job est vraiment dure. On va passer 10 jours dans le bois, tabarnak, à se faire manger par les mouches. Il fait frette. On gèle. Au lieu de dire : "Bravo, les p'tits gars, vous refaites nos forêts !", ben non, on nous donne de la marde. Alors, en donnant de la marde au contracteur, qui est moi, j'ai pas le choix de donner de la marde aux travailleurs pour les aider à faire de la meilleure qualité. Il faut leur faire reprendre leur terrain. Alors, eux autres aussi, ils se trouvent à baisser de salaire. Ce qui fait en sorte que c'est le petit qui paie. C'est nous autres qui payons. Je dirais que le débroussailleur est à plaindre, mais le gars de compagnie qui est contracteur est à plaindre aussi. »

Depuis qu'il a trouvé une certaine sécurité dans l'attribution de ses contrats de la part de la compagnie AbitibiBowater, Mario Richard considère que ça va mieux. « Il y a plusieurs années, quand c'était par soumission, tu ne savais jamais si tu aurais des contrats l'année d'après. »

Pour éviter un déficit en 2007, Mario Richard a affirmé qu'il devrait réduire le personnel, diminuer les services, mais pas baisser les salaires parce que les travailleurs vont aller chez le compétiteur.

« On essaie de compenser pour la difficulté du terrain, mais on paie toujours le même tarif à l'hectare. On essaie de mettre cela égal pour tout le monde, qu'il soit noir, vert, blanc, que ce soit leur première année ou la dixième. »

Et les têtes fortes ? « Les têtes fortes que j'ai eues, je les ai cassées. Elles sont rendues l'autre bord (chez le compétiteur). »

Et l'on revient à Marguerite Duras : tu n'as rien vu à Mistassini…

CHAPITRE 5

Le combat de Jean-Baptiste Mailloux

Travailler comme débroussailleur avec deux maîtrises en poche, oui, c'est possible. C'est arrivé à Jean-Baptiste Mailloux, ancien professeur à l'Université du Québec à Rouyn-Noranda.

Nous nous berçons tranquillement, assis sur une balançoire, juste à côté de sa résidence, rue Darveau, à Rouyn-Noranda. Un après-midi gris de juin 2006, en Abitibi. La pluie s'en vient.

Après avoir enseigné, œuvré comme cadre chez Alcan et possédé son entreprise, Jean-Baptiste Mailloux s'est retrouvé devant rien, en 1995. Il avait englouti, en fin de parcours, plus d'un demi-million de dollars dans sa compagnie qu'il avait fondée 12 ans plus tôt.

Quatre ans plus tard, à 50 ans, il vivait grâce à l'aide sociale depuis sa faillite. Pour célébrer son demi-siècle, il a décidé de trouver un travail, n'importe lequel.

Son épouse avait créé une famille d'accueil à leur retour en Abitibi en 1997. C'est ce qui leur avait permis de s'accrocher à la vie. La famille d'accueil était toujours là en 2006, l'épouse aussi. Il y a des femmes qui sont faites fortes.

« J'avais deux maîtrises à ce moment-là. Mais ça faisait tellement longtemps que je n'étais plus dans l'enseignement. (...) J'ai tout perdu ce que j'avais en 1995, j'ai perdu ma maison. Je devais trouver un travail, mais, dans les maisons d'enseignement, on veut des jeunes qui sont à date en termes de connaissances technologiques. »

Jean-Baptiste Mailloux avait quitté son poste de professeur pour travailler pour la compagnie Alcan avant de fonder sa propre entreprise de gestion informatique. Son dernier emploi remontait à 1982. « Cela faisait 13 ans que je n'étais plus employé. Règle générale, les employeurs sont hésitants à embaucher des entrepreneurs. Un employé, c'est quelqu'un qui est habitué d'avoir quelqu'un au-dessus de lui pour recevoir des ordres. Un entrepreneur, c'est très, très indépendant. »

Et Jean-Baptiste Mailloux l'admet : il n'aime pas les rôles de subordonnés. « J'ai jamais aimé recevoir des ordres, effectivement. »

C'est d'ailleurs l'orgueil, avoue-t-il, qui l'a conduit en forêt. « J'aurais très bien pu travailler à la station d'essence du coin comme pompiste. Mais moi, remplir les réservoirs d'essence d'individus qui avaient été, quelques années auparavant, mes étudiants... Je me suis dit : tant qu'à faire de l'esclavage, j'aime mieux le faire caché en forêt. »

Son premier travail de débroussailleur se fera chez Travaux sylvicoles Outaouais dans le parc de La Vérendrye. Une petite entreprise qui ne comptait pas plus de 20 employés et qui exécutait des contrats de sous-traitance pour la forestière Domtar. La compagnie a fermé définitivement ses portes le 9 septembre 2000, précise Jean-Baptiste Mailloux. « Nous, les débroussailleurs, on est très mal traités comme salariés, puis les entrepreneurs comme Travaux sylvicoles Outaouais sont aussi très mal traités par les donneurs d'ordres.» Les donneurs d'ordres ici sont les compagnies forestières.

À ses débuts comme débroussailleur, à l'été de 1999, Jean-Baptiste Mailloux gagnait un salaire moyen de 595 $ par semaine, salaire faussé selon lui. « Je reçois une paie de 595 $. En plus de payer mon loyer à Rouyn, il faut que je paie mon hébergement en forêt ; il faut que je paie ma nourriture en forêt ; il faut que je paie ma débroussailleuse ; il faut que je paie l'essence que je mets dans ma débroussailleuse ; il faut que je paie mon déplacement de Rouyn jusque là-bas. Et les compagnies sylvicoles ferment, en général, les fins de semaine ou une fin de semaine sur deux et nous obligent à sortir. Tu es à 80 kilomètres de la route principale, en forêt. Tu es à 400 kilomètres de chez toi. Eux s'en foutent. On exige que tu quittes le campement. On exigeait que je fasse 800 kilomètres chaque fin de semaine. Je ne faisais pas cela pour mon bon plaisir. »

Affirmant que l'employeur ne lui fournissait pas un site d'hébergement convenable, Jean-Baptiste Mailloux, plus à l'aise financièrement que d'autres, avait installé sa tente-roulotte à proximité du camp, même si la loi l'interdit. D'autres travailleurs avaient monté de simples tentes, précise-t-il. « Je couchais dans ma tente-roulotte, je mangeais dans ma tente-roulotte. La loi exigeant la fourniture gratuite des équipements de sécurité n'est pas respectée. Ce n'est pas accepté non plus de se "batcher" en forêt. »

Le 9 septembre 1999, Travaux sylvicoles Outaouais ferme. Après s'être arrêté chez lui à Rouyn pendant une journée, il reprend sa débroussailleuse et frappe à la porte d'un nouvel employeur : La Forêt de demain.

Le travail pour cette entreprise s'est avéré un véritable calvaire pour Jean-Baptiste Mailloux. C'est ce qui l'a poussé à intenter plusieurs poursuites juridiciaires pour faire reconnaître les droits des débroussailleurs.

Sa démarche a d'abord été individuelle. « J'ai été à la Commission de la santé et de la sécurité au travail en disant : "Il me semble que ça n'a pas de sens. Il me semble qu'il existe une loi quelque part qui dit que l'employeur doit fournir de l'équipement de sécurité." Finalement, on trouve tous les moyens possibles et imaginables pour me laisser entendre : tes équipements de sécurité, tu les paies et tu vas continuer de les payer. »

À la Commission des normes du travail, on lui a aussi affirmé que les entreprises respectaient les lois. « À l'occasion on me dit : "Ouais, là, Jean-Baptiste, c'est vrai, tu aurais peut-être raison, mais il faudrait le prouver." »

Le contact avec les travailleurs sylvicoles côtoyés lors de ses séjours en forêt a forcé Jean-Baptiste Mailloux à une prise de conscience. « Règle générale, les travailleurs sylvicoles, ce sont des travailleurs démunis qui occupent un emploi de dernier recours. Ce sont des travailleurs qui sont sans recours. Ils sont sans recours dans le sens qu'ils n'ont pas de syndicat derrière eux pour faire respecter leurs droits. Ils n'ont pas la Commission des normes du travail en arrière d'eux pour faire respecter leurs droits. Ils n'ont pas la Commission de la santé et de la sécurité au travail en arrière d'eux pour faire respecter leurs droits. Ce sont des travailleurs qui sont sans recours et qui occupent une job de dernier recours. »

Va pour la job des laissés-pour-compte, s'est dit Jean-Baptiste Mailloux. « Mais je me disais : je vais faire respecter mes droits, une fois que mes droits vont être respectés, ça va être une job acceptable. Mais j'ai jamais réussi à faire reconnaître mes droits. »

Avec ce constat assez accablant sur le statut du débroussailleur, Jean-Baptiste Mailloux ne voit qu'une solution : que les travailleurs s'organisent en association. « Je n'aime pas dire "syndicalisation" parce c'est techniquement impossible. Je ne suis pas anti-syndical. Je suis pro-association, et si cette association-là pouvait être syndiquée, ce serait l'idéal. Sauf que si, au sein d'une entreprise, les travailleurs s'associent, obtiennent une accréditation syndicale et réussissent à revendiquer leurs droits à l'intérieur de cette entreprise-là ; s'ils réussissent à se faire payer leur équipement de sécurité ; s'ils réussissent à avoir le salaire minimum ; s'ils réussissent à se faire payer les frais de transport ; s'ils réussissent à se faire payer tout cela, l'employeur va être obligé de faire faillite. »

De plus, un travailleur seul ne peut se défendre adéquatement, selon lui. « Quand j'ai commencé à revendiquer face à l'Aide sociale et au Tribunal administratif, je me suis rendu compte que, seul, un travailleur sylvicole ne réussira jamais à faire respecter ses droits. Je me suis dit : on va y aller sous forme d'association, incorporée avec une charte québécoise. »

Il fonde alors le Regroupement des travailleuses et travailleurs sylvicoles du Québec, qui a été incorporé en août 2002. « C'est moi qui ai payé personnellement les frais d'incorporation. C'est moi qui paie les frais annuels avec l'argent qui provient de nos revenus comme famille d'accueil. On n'a pas eu un sou noir pour le Regroupement, c'est moi qui assume les coûts. »

Au début, le Regroupement des travailleuses et travailleurs sylvicoles du Québec visait une adhésion importante, de façon à représenter plusieurs travailleurs sylvicoles. « Rapidement, je me suis rendu compte que, si je veux avoir beaucoup de membres, ça va me prendre tellement de temps et d'énergie, parce que le taux de roulement est tellement élevé, que ça sert à rien. Si je veux avoir un regroupement de travailleurs, je vais être obligé d'y consacrer 100 % de mon temps. »

D'autant plus que les travailleurs sylvicoles sont disséminés un peu partout, que ce sont des gens qui migrent en fonction du travail offert. Ils sont souvent de nouveaux arrivants.

« Dans les travaux sylvicoles, on fait affaire avec des gens qui sont éparpillés aux quatre coins de la province. On a beaucoup d'immigrants avec des adresses extrêmement instables. Finalement, je me suis rendu compte qu'on perdait notre temps. On a toujours le même nom, sauf que, maintenant, on est rendus une association à but non lucratif de défense des droits des travailleurs, comme l'Office de protection du consommateur. »

Le travail de débroussailleur n'est ni plus ni moins que de l'esclavage, affirme Jean-Baptiste Mailloux. « Quand j'ai commencé à travailler comme débroussailleur, j'avais l'impression que j'étais sur une nouvelle planète où il n'y avait pas de lois du travail ; il n'y avait pas de lois du salaire minimum ; il n'y avait pas de lois d'impôt, j'étais esclave tout simplement. »

Le terme « esclave » reviendra souvent au cours de la conversation. « C'est reconnu que c'est l'emploi le plus difficile physiquement qui existe au Canada. Le travail de débroussailleur n'est ni plus ni moins que de l'esclavage, affirme Jean-Baptiste Mailloux. Dans ce sens-là, c'est l'emploi le plus exigeant. Mais c'est pas ça qui prime. C'est pas ça que les travailleurs contestent le plus. C'est vrai que c'est difficile, mais travailler fort, c'est bon pour la santé. C'est bon pour le cœur. Ce n'est pas de cela que je me plains. Ce n'est pas de cela non plus que les travailleurs sylvicoles se plaignent. Ils disent: "C'est vrai, c'est dur, mais on est prêts à le faire. Il y a de la mouche, mais on est prêts à l'endurer." C'est exigeant aussi en termes de chaleur, du soleil qui nous tape dessus. Mais le problème, c'est qu'on travaille pour presque rien. C'est quasiment du bénévolat qu'on fait. »

Le fait de travailler 20 semaines par année pour avoir droit à 32 semaines de prestations d'assurance-emploi peut toutefois sembler un compromis intéressant. « Selon moi, ça ne convient à personne. Moi, je ne suis pas d'accord que, dans une société comme on a aujourd'hui, on soit obligés de faire 20 semaines de bénévolat pour avoir nos timbres de chômage durant l'hiver. L'employé à Hydro-Québec, lui, il ne fait pas de bénévolat, pourtant il gagne plus que 400 $ par semaine durant l'hiver. Pour quelle raison, moi, je devrais faire du bénévolat pour avoir un petit 400 $ par semaine durant l'hiver? Je pourrais rester sur le BS (aide sociale) à la place. »

Si l'on calcule le revenu moyen du travailleur sylvicole, il serait moins bien traité que l'assisté social, poursuit-il. « Un particulier avec une responsabilité familiale va avoir 6000 $ par année. C'est net dans ses poches. Il ne paie pas d'impôt sur le 6000 $. Ses soins de santé sont gratuits; ses médicaments sont gratuits; ses soins dentaires sont gratuits. Et il ne se fatigue même pas pour le gagner, son 6000 $. Le travailleur sylvicole, il va faire du bénévolat parce que tout l'argent qu'il gagne pendant l'été passe en dépenses. »

Plus de 50 % des sommes versées aux débroussailleurs s'envole en dépenses, affirme Jean-Baptiste Mailloux. Il faut rappeler que le débroussaillage est financé par des crédits qu'alloue le gouvernement aux forestières détenant des droits de coupe dans les forêts publiques. Les forestières comme Domtar, Tembec, AbitibiBowater ne s'occupent pas elles-mêmes de débroussaillage. Elles confient le travail à des sous-traitants qui, souvent, le refilent à leur tour à d'autres sous-traitants. Normalement, environ 50 % des crédits alloués devrait être versé aux travailleurs sous forme de salaires. Ce pourcentage n'est toutefois pas respecté, selon lui. Parfois, seulement 40 % ou 45 % du montant total serait redistribué aux travailleurs sylvicoles.

Pour prouver que les revenus gagnés lors de son premier été de débroussaillage étaient en pratique inexistants, il a continué de demander de l'aide sociale. Quand on lui a retiré ses prestations, il a contesté et gagné.

Le Tribunal administratif du Québec, une instance chargée d'entendre les revendications des citoyens qui se sentent lésés par les décisions rendues à leur sujet par des ministères, des villes, des commissions, lui a donné raison. En mars 2004, Jean-Baptiste Mailloux a obtenu gain de cause à propos de son salaire réel. Le Tribunal administratif a reconnu qu'il n'avait aucun revenu pour payer son épicerie une fois ses autres dépenses acquittées. « Le Tribunal administratif a exigé que l'Aide sociale me considère comme sans revenu pendant tout l'été de 1999, pendant que j'étais débroussailleur à plein temps. » Il a été remboursé pour les prestations qui lui avaient été retirées.

La société québécoise, par l'entremise du Tribunal administratif, prenait conscience qu'un travailleur sylvicole faisait du bénévolat, conclut-il. « C'est la première fois qu'on reconnaissait qu'un travailleur sylvicole gagne zéro dollar par jour. Il ne gagne même pas assez pour payer son épicerie. »

Cela a été la première d'une longue liste de revendications qui anime Jean-Baptiste Mailloux depuis 1999.

Fort de cette première victoire, en ayant assuré lui-même sa défense, Jean-Baptiste Mailloux décide de poursuivre sa réflexion. « Je me suis dit : je pourrais peut-être, face à la Commission des normes du travail, réussir à faire reconnaître que je n'ai pas gagné le salaire minimum. Je pourrais peut-être réussir, face à la Commission de la santé et de la sécurité du travail, aussi à faire reconnaître que mon employeur ne m'a pas fourni des bottes de sécurité. Peut-être faire reconnaître, auprès du ministère du Revenu, que le 595 $ par semaine que j'ai gagné n'est pas imposable parce que ce n'est pas un salaire. »

Deux recours collectifs portant essentiellement sur le respect du salaire minimum et celui de la sécurité au travail ont été demandés au nom du Regroupement des travailleuses et travailleurs sylvicoles du Québec. La première requête en autorisation de recours collectif, dont la personne désignée est Stann-Simon Mahoua, qui témoigne dans ce livre, a été déposée le 28 septembre 2005. Elle vise l'entreprise sylvicole La Forêt de demain, une filiale de Outland Reforestation, et les forestières Tembec, Abitibi-Consolidated, Domtar et Norbord. La deuxième requête en autorisation de recours collectif a, elle, été déposée le 30 avril 2006. Les demandes se situent à peu près au même niveau. Quatre personnes ont été désignées, soit Mohamed-Amine Mahjoub, Mamadou Sow, Vasile Alexa et Kalifa Belgacem, et affrontent les quatre intimées : Foresterie A.S.L inc., Sylviculture Tramfor inc., Ser-For inc. et Aménagement Myr.

Un règlement hors cours est intervenu en 2008 avant que ne soit autorisée la première demande en recours collectif.

« Le recours collectif est un outil utilisable par les débroussailleurs, précise Jean-Baptiste Mailloux. Ça, c'est une très grosse victoire. Maintenant, les travailleurs sylvicoles ont un recours. C'est un moyen de faire valoir ses droits. Avec cela, on va mettre à la face de la société que la Loi des normes du travail s'applique aussi dans l'industrie sylvicole. On vient de confirmer que les travailleurs ont droit au salaire minimum. Même si ce sont des esclaves, ils ont le droit de se faire rembourser des frais de transport ; même si ce sont des esclaves, ils ont le droit de ne pas être chargés plus de 4 $ par jour pour leur repas, pas plus de 4 $ par jour pour le coucher ; même si ce sont des esclaves, ils ont le droit de se faire rembourser leur équipement de sécurité. Ça, c'est un droit qu'on est en train de faire reconnaître. »

Selon Jean-Baptiste Mailloux, le recours collectif apparaît comme le meilleur outil de revendication et de dénonciation pour le travailleur sylvicole. En raison de la structure actuelle du travail et de la façon dont le financement est attribué, il n'y aurait, selon lui, aucune entreprise en travaux sylvicoles au Québec capable d'opérer en respectant les lois. Il souligne que certaines coopératives de travailleurs syndiqués ont dû se résoudre à mettre des gens à pied ou à fermer, tout bonnement. « La solution, ce serait un syndicat multipatronal à l'échelle provinciale, comme le décret de la construction, sauf que c'est pas faisable. C'est donc dire que la CSN, la FTQ ne sont pas capables d'imposer l'implantation d'un décret de la sylviculture. Individuellement, les travailleurs, à l'intérieur d'une entreprise, s'ils rentrent le syndicat, ils savent qu'ils sont pas capables de faire respecter leurs droits parce que, s'ils font respecter leurs droits, l'employeur va faire faillite. »

Ces gains que fait Jean-Baptiste Mailloux ne sont pour l'instant que des étapes vers une reconnaissance du droit des travailleurs, une petite porte qu'on entrouvre en espérant que cela donne lieu à une réflexion profonde et à une remise en question du sort des débroussailleurs et de toute l'organisation du travail sylvicole.

CHAPITRE 6

Une terrible envie de retourner à Montréal

Après une nuit passée dans un autobus le menant en Abitibi, Stann-Simon Mahoua s'est retrouvé au terminus d'Amos à 6 h du matin avec un ami. Le temps était pluvieux et frais, même si on était en mai. Quelques mois plus tôt, il avait été recruté par La Forêt de demain pour être débroussailleur. Personne n'était au terminus pour les accueillir.

C'était en 2004. Originaire du Congo-Brazzaville, Stann-Simon Mahoua était arrivé au Québec un an plus tôt. Parti de son pays en 1993, à l'âge de 19 ans, pour faire des études en histoire en France, l'homme dans la trentaine rêvait du Québec et du Canada depuis son exil. Il avait fait des études d'histoire en France avant de débarquer à Montréal. Je l'ai rencontré dans son appartement de la rue Mullins, à Montréal, en 2007.

À son arrivée au Québec, il a d'abord vécu d'emplois précaires : ouvrier dans une manufacture de jouets, vendeur dans une boutique de chaussures, trieur dans une usine de recyclage. Cette dernière n'était pas chauffée en hiver, précise-t-il. Un ami lui parle alors du travail de débroussailleur à La Forêt de demain, en Abitibi. Une rumeur courait à l'effet qu'on pouvait gagner 500 $ par jour en coupant des mauvaises pousses autour des plantations. « J'ai pris contact avec le frère de mon ami, qui m'a expliqué un peu le travail. Ça semblait facile. Alors, je lui ai dit : "Si toi, tu as appris à le faire, pourquoi moi, je n'apprendrais pas ?" »

En mars 2004, il décide d'aller rencontrer le recruteur Éric Chamberland, de La Forêt de demain, chez le frère de son ami à Montréal. « Il nous a demandé de verser une caution de 300 $ ou plus. Mais pas tout de suite, on la verserait une fois arrivés là-bas. Parce qu'il y avait des gens qui ne restaient pas travailler. Ils repartaient après quelques semaines. C'était comme une garantie. Ça devait servir à payer la scie, je crois. »

« Et vous avez des amis qui ont vraiment gagné 500 $ par jour ? » lui ai-je demandé. « Celui qui m'avait parlé de cela, il n'a jamais travaillé là-bas en fait. C'est son frère qui a travaillé là-bas. Je ne sais pas s'il avait vraiment fait 500 $ par jour. C'est ce que les gens racontaient. C'est ce qui circule. Mais la réalité, elle, est tout autre. »

La Forêt de demain est une filiale de Outland Reforestation, une entreprise créée en 1985, dont le siège social est situé en Ontario. Au Québec, la filiale existe depuis 1991 et opère en Abitibi. Elle concentre ses activités dans la plantation et le débroussaillage. Elle travaille en sous-traitance pour plusieurs compagnies forestières, dont Tembec, AbitibiBowater, Domtar et Norbord.

Dès son arrivée à Amos, Stann-Simon Mahoua s'est demandé s'il avait fait le bon choix. « On arrive là, il n'y avait personne. On ne savait pas où était le bureau. On a regardé à gauche et à droite. On est restés là pendant une heure. Le bureau ouvrait à 9 h et on était arrivés à 6 h du matin, donc il fallait attendre. Heureusement, on avait les numéros de téléphone de compatriotes qui travaillaient là-bas. On est tombés sur quelqu'un qui avait une voiture. Il est venu nous chercher. Il nous a emmenés où se trouvait le bureau de la compagnie. On était là dans la pluie, on s'est mis à l'abri dans une voiture. Vers 9 h, le personnel est arrivé. »

Quand on lui a demandé de verser un acompte pour son équipement de travail dont sa débroussailleuse, une scie ronde qui tourne sur elle-même et qui sert à nettoyer les mauvaises pousses autour des arbres, Stann-Simon a commencé à vraiment douter. « J'ai trouvé ça anormal. Je me suis dit : c'est lui mon employeur, je pensais qu'il me fournirait de l'équipement de travail. Mais je ne pouvais pas revendiquer du moment que j'étais seul. Les autres trouvaient que c'était correct parce que ça faisait longtemps qu'ils travaillent là. Moi, je me suis dit : attendez, ça marche pas comme ça. »

Trouvant plutôt anormal de payer pour travailler et comme il n'en avait pas les moyens de toute façon, Stann-Simon a répondu qu'il avait eu beaucoup de dépenses et qu'il n'avait plus d'argent pour verser ce montant. Ce qui n'a pas semblé poser problème pour son embauche.

Son compagnon, arrivé en même temps que lui, a accepté de verser un acompte pour sa scie et son équipement de sécurité. « Moi, je suis allé voir quelqu'un de la compagnie et je lui ai dit que je n'avais rien et que je ne savais pas ce que j'allais faire. Il m'a dit que ce n'était pas grave, qu'il allait me donner une scie et qu'il allait retirer le montant sur ma paie quand j'aurais commencé à travailler. »

Après, on a amené les employés dans une salle pour signer leur contrat. « Je trouvais qu'il y avait beaucoup de choses qui ne marchaient pas. En fait, je voulais déjà retourner, mais je n'avais plus d'argent parce que j'avais dépensé tout mon argent pour me rendre là-bas. Alors, je me suis dit : je suis obligé d'y aller. On a signé des contrats, mais on m'a même pas donné d'exemplaire. Je me dis : quand je signe un contrat, l'employeur doit avoir un exemplaire, mais moi aussi je dois avoir un exemplaire. Mais ils prennent tout, voilà, ça se passe comme ça. »

Stann-Simon Mahoua, qui rêvait d'un avenir meilleur au Québec, s'est donc retrouvé dans le camp Harricana, à environ 150 kilomètres au nord-est de Lasarre, parmi une vingtaine de débroussailleurs. Congolais comme lui, ou Roumains, ou Québécois de souche. « Ce n'était pas le Club Med, je vous assure, mais on était logés et nourris. Il y avait des gens qui s'occupaient de la nourriture. Encore là, il fallait payer pour le logement, pour la nourriture, pour l'essence. Tout nous était retiré de notre paie. »

Mais, d'abord, il avait dû défrayer les coûts de son équipement de sécurité. Ces coûts lui seraient aussi soustraits de ses trois premières paies.

Stann-Simon se souvient d'avoir mangé beaucoup de pommes de terre dans ce camp. En purée ou en frites. Il se souvient aussi que le travail était terriblement dur physiquement. « Après, je vous assure, on est prêt sans problème pour le régime militaire. »

Sans avoir reçu de formation, il s'est retrouvé avec une part de terrain qu'on lui avait attribuée et qu'il devait nettoyer. « On ne sait pas trop quoi faire. On demande aux autres collègues autour de nous comment travailler. On marche sur du terrain très difficile, sur des branches coupées. Avec un équipement lourd. »

Mais le pire, selon lui, c'est de se retrouver souvent tout seul dans une forêt, sans assistance, avec le risque de se perdre ou de se blesser. « Je trouvais que c'était pas "sécurisant" parce qu'il pouvait m'arriver un truc… Je suis là seul sur mon terrain, il y a personne pour venir à mon secours. Je ne vais pas là-bas pour tomber malade ou pour avoir un accident. Je vais là-bas pour gagner ma vie. Et si je ne peux pas gagner ma vie, c'est comme dans toutes les sociétés (entreprises)… Même ici à Montréal, je suis allé travailler dans une société où les conditions n'étaient pas bonnes. Je suis parti parce que je n'acceptais pas les conditions. Je suis tombé malade là (à l'entreprise de recyclage). Je viens ici pour gagner ma vie, je viens pas ici pour tomber malade. Pour moi, la santé passe avant toute chose parce que si je n'ai pas la santé, j'aurai pas l'argent. C'est la santé qui me donne de l'argent. »

Depuis son arrivée dans ce camp de débroussailleurs, Stann-Simon Mahoua n'avait qu'une idée en tête : retourner à Montréal. Peu sûr de ce qui l'attendait en Abitibi, il n'avait pas informé le bureau de l'assurance-emploi de son départ. Cela lui vaudra d'ailleurs de payer des trop-perçus ensuite. « C'est grâce à mes prestations de chômage que j'ai pu retourner à Montréal. »

Les nouveaux arrivants qui se déplacent en Abitibi le temps d'une saison de débroussaillage sont pour ainsi dire isolés. Il y a en général un téléphone satellite (les cellulaires ne fonctionnent pas au fond des bois) qu'on ne peut utiliser qu'en cas d'urgence. Si certains retournent à Montréal une ou deux fois pendant la saison, qui va de mai à octobre, plusieurs ne revoient pas leur famille pendant six mois. « On peut téléphoner quand on sort du camp, la fin de semaine, précise Stann-Simon, sinon, on est coupés, on ne sait même pas ce qui se passe dans le reste du monde. »

La fin de semaine, les travailleurs ne peuvent pas rester au camp Harricana. Stann-Simon Mahoua a donc dû payer un motel à 70 $ la nuit pour ne pas coucher dehors. Des frais qu'il a partagés avec un autre travailleur dans la même situation.

Conscient que l'arrivée de minorités visibles dans une région comme l'Abitibi surprend la population locale, il affirme toutefois ne pas avoir été victime d'une quelconque discrimination, du moins explicite. « Généralement, ils savent qu'au mois de mai, il y a beaucoup d'étrangers, des gens qui viennent pour couper le bois, ça ils le savent déjà. Il y a des gens qui discutent, qui sont sympathiques. Je n'ai pas vu que les gens étaient répulsifs. Il faut savoir aborder les gens, c'est ça. Il y a des gens qui veulent connaître les autres. C'est vrai que tu peux aussi tomber sur quelqu'un qui ne veut rien savoir. Il a ses raisons. Mais moi je n'ai pas connu ça. »

Après trois semaines de travail au camp Harricana, Stann-Simon Mahoua est allé au guichet automatique quérir sa prestation de chômage et a sauté dans le premier autobus, direction Montréal. Non, il ne croyait plus qu'on pouvait faire 500 $ par jour en débroussaillant. Pour lui, il y avait pire que les mauvaises conditions de travail : des violations à la Loi sur les normes du travail. Recommanderait-il à un nouvel arrivant qui débarque au Québec d'aller travailler comme débroussailleur ? « Si quelqu'un veut aller travailler et qu'il a le courage… Moi, j'ai pas pu, ç'a été difficile pour moi, mais il y a des gens qui le font. En fait, ce qui m'a découragé, c'était les conditions de travail et (le fait) qu'ils respectent pas les normes du travail. Et c'était pas "sécurisant". »

À Montréal, il vivait de petits boulots, parallèlement à ses études. Il était décidé à se battre. « Il y a des gens qui se contentent du peu qu'ils ont alors qu'ils peuvent trouver mieux ailleurs. »

À son retour, il a reçu une paie de... 59,70 $, couvrant la période du 16 au 22 mai 2004. Après toutes les déductions, c'est ce qui lui restait.

Ce qu'il ne savait pas, c'est que la vraie bataille commençait. L'assurance-emploi lui a demandé de justifier ses déclarations. C'est en toute bonne foi qu'il n'avait pas déclaré ses gains, jure-t-il. « Je ne pouvais pas dire combien j'avais gagné, je n'ai pas reçu de paie avant d'être revenu à Montréal. »

Ne sachant trop comment se défendre, il s'est tourné vers Jean-Baptiste Mailloux, président du Regroupement des travailleuses et travailleurs sylvicoles du Québec, qui sera son représentant en appel devant le Conseil arbitral de l'assurance-emploi. Ce dernier maintiendra la décision concernant la rémunération qu'il a touchée et qu'il devra rembourser, mais annulera celle de la pénalité monétaire. « Le témoignage de monsieur Mahoua est crédible et il n'a jamais eu l'intention de frauder la commission lorsqu'il complétait ses demandes de bénéfices. »

Après une évaluation de sa requête, le Conseil arbitral de l'assurance-emploi a accepté le témoignage de l'appelant Stann-Simon Mahoua, dans la cause 05-0457, à l'effet que ce Congolais d'origine arrivé au Québec en 2003 avait gagné un salaire net équivalent à 10 cents de l'heure pour la période allant du 9 au 29 mai 2004. La décision a été rendue et signée par un conseil de trois personnes dont le président G. Boucher-Mathieu. Le compte-rendu de la décision a été expédié le 22 août 2005 à monsieur Mahoua, environ un mois après qu'une lettre lui eut signifié que des demandes de prestation d'assurance-emploi faites en 2004 fournissaient des renseignements inexacts.

C'était à lui de récupérer les revenus de son travail en forêt qu'il considérait lui être dus, lui aurait-on répondu.

Dix cents, le prix d'un bonbon Trebor… « Combien de bonbons Trebor avez-vous achetés avec votre faramineuse paie nette de 59,70 $? » ai-je demandé à Stann-Simon Mahoua. Celui qui était, en 2007, étudiant en urbanisme à l'Université du Québec à Montréal s'est mis à rire. « Un ami m'avait dit qu'en travaillant là-bas, on pouvait gagner 500 $ par jour. »

Frustré et résolu à récupérer le salaire que lui doit, croit-il, La Forêt de demain, Stann-Simon Mahoua a accepté d'être la personne désignée dans le recours collectif opposant le Regroupement des travailleuses et travailleurs sylvicoles du Québec à cinq compagnies importantes en foresterie au Québec, dont La Forêt de demain, son employeur en 2004. Une bataille dont l'issue devrait changer la condition des débroussailleurs, immigrants ou pas.

Et l'homme qui le supporte dans ce recours collectif est Jean-Baptiste Mailloux, l'ancien professeur d'université devenu débroussailleur à la suite d'un mauvais coup du sort.

CHAPITRE 7

Le cardiologue débroussailleur

De moins en moins prisé par les Québécois de souche, le travail de débroussaillage s'avère souvent le premier pas vers un avenir meilleur pour les immigrants.

C'est le cas du Dr Andrei Topalov, arrivé au Québec en 2004. Parcours de plus en plus fréquent que celui d'un couple de médecins moldaves qui a perdu une bonne partie de ses illusions depuis son arrivée au Canada.

Elle parle un français presque impeccable, avec un bel accent d'Europe de l'Est. Lui éprouve un peu plus de difficulté. Elle, c'est Mariana Topalova, médecin de famille ; lui, c'est Andrei Topalov, cardiologue.

Ils sont originaires de Moldavie, ancienne république de l'Union soviétique située entre la Roumanie et l'Ukraine, et qui a déclaré son indépendance en 1991. En 2007, la Moldavie était considérée comme étant le pays le plus pauvre d'Europe.

La situation politique et économique les a poussés vers l'immigration. Les procédures ont débuté en 2001. Ils sont arrivés au Québec en 2004. Le modeste appartement du quartier Côte-des-Neiges, à Montréal, que le couple occupe avec ses deux filles, est agréablement décoré. Pour gagner sa vie, en attendant de pouvoir un jour pratiquer la médecine,

Mariana a suivi un cours de design intérieur. Dans les faits, elle travaille surtout comme vendeuse dans un magasin de céramique.

On réalise l'entrevue avec *La Soirée du hockey* comme fond sonore. Andrei Topalov connaît plus de joueurs du Canadien que moi. Ce qui n'est pas difficile, il faut le dire. Sur la table, il y a des noix, des biscuits et du thé.

Dès son arrivée en mars 2004, Andrei a sauté sur la première option qui s'offrait à lui. Une annonce de La Forêt de demain dans le journal: *Débroussailleurs demandés en Abitibi; travail exigeant physiquement, bien payé.* « On cherchait quelqu'un qui voulait travailler dans le bois. C'était un bon salaire. Pas besoin de parler le français. Par contre, tu peux pratiquer ton français. Et quand tu comprends le français de la région, c'est plus facile de comprendre le français ici à Montréal », dit-il en riant.

Au moment d'entamer les procédures d'immigration, en 2001, le couple a choisi le Québec pour deux raisons: l'immigration était légale et ils rêvaient de se refaire une vie avec leurs enfants. Quitter ce régime communiste où le salaire mensuel d'un médecin est de 150 $ par mois; la corruption, omniprésente; et le manque d'équipement médical, criant a pris des années de préparation et d'économies. « Il y avait plusieurs raisons de partir, précise Andrei. Le pays s'est appauvri après l'indépendance de 1991. C'était devenu très difficile de travailler. »

Le Dr Topalov a commencé à pratiquer la médecine en 1989, au temps de l'ancienne Union soviétique. Il y avait du bon et du mauvais dans les deux régimes, souligne-t-il.

En 2001, il n'était pas question de pratiquer la médecine en arrivant au Québec. Les critères étaient sévères, explique Mariana Topalova. « Quand on a commencé les procédures en immigration, la loi, ici au Québec, était différente. On n'avait pas le droit de pratiquer notre métier ici. On était obligés de signer un papier disant qu'on n'allait pas demander de pratiquer la médecine. C'était impossible pour les médecins étrangers de travailler ici. On était prévenus. »

La loi a été changée en 2004. À leur arrivée, tous les espoirs étaient donc permis, sauf qu'avec les espoirs venaient aussi les embûches.

Andrei a œuvré pendant 15 ans comme cardiologue en Moldavie. Il ne fait pas de chirurgie, précise-t-il. Les conditions de travail dans les hôpitaux ne le permettaient pas : manque de ressources, d'équipement, d'appareils, etc. Il travaillait en médecine thérapeutique d'urgence, en réanimation.

Le médecin moldave a choisi le travail de débroussailleur, croyant qu'il aurait plus de temps pour apprendre le français et se préparer aux examens d'admission au stage en médecine. On sait que le débroussaillage se fait entre le mois de mai et la fin du mois d'octobre.

Or, juste pour joindre les deux bouts, il lui faut travailler presque tout le temps. Pour pouvoir être embauché à La Forêt de demain comme débroussailleur, il devait fonder une compagnie, s'incorporer. C'était une condition pour travailler là, précise-t-il. Une information qui contredit ce qu'affirment des représentants d'entreprises sylvicoles comme Mario Richard. Les compagnies forestières comme AbitibiBowater, entre autres, refuseraient de faire affaire avec des « incorporés ».

Pour le travailleur, ce statut est plus payant, en autant qu'il puisse débroussailler les hectares prévus au contrat, mais il ne pourra avoir accès aux prestations d'assurance-emploi ou revendiquer ses droits auprès de la Commission des normes du travail et de la Commission de la santé et de la sécurité du travail ; il n'est pas un salarié, mais un entrepreneur, un « incorporé » suivant le terme utilisé dans le milieu sylvicole. C'est différent, semble-t-il, du travailleur autonome ; ce serait plutôt une compagnie avec un travailleur unique.

En œuvrant en « incorporation », le Dr Topalov devenait alors sous-traitant d'un sous-traitant. À ce chapitre, le directeur général de La Forêt de demain, Ricky Boulanger, précise que cette façon de faire est courante.

Après avoir lu l'annonce dans le journal, Andrei Topalov a consulté des gens de sa communauté et s'est donc retrouvé en Abitibi. Avec deux autres travailleurs, il a acheté un véhicule tout-terrain pour pouvoir se déplacer du camp à sa *patch*.

Le contremaître lui a montré sommairement comment opérer sa débroussailleuse, sans plus de formation. Habitué au travail stressant, il est passé du statut de médecin à celui de débroussailleur en y mettant toutes ses énergies. La première paie a été très décevante. Il manquait d'expérience et il fallait rembourser la débroussailleuse. La suite : des hauts et des bas. Des semaines où il réussit à atteindre son 1500 $, puis c'est la déception : les terrains sales où l'on tourne en rond et la paie qui s'en ressent.

Il revient à Montréal toutes les deux semaines, des dépenses qu'il doit assumer et qui s'ajoutent aux autres : l'essence pour le camion et la débroussailleuse, la pension sur le chantier. Il a même dû payer sa nourriture en 2006, sur un chantier de La Forêt de demain dans une petite municipalité ontarienne. Il était logé dans un hôtel, mais rien n'était prévu pour la nourriture. « C'est arrivé une ou deux fois. On a dû acheter la nourriture dans un magasin. On habitait dans un hôtel et ç'a été comme ça pendant deux semaines. On payait de 10 $ à 11 $ par jour pour la chambre. Le reste devait être payé par l'employeur, je pense. La nourriture n'a pas été remboursée par la compagnie. »

Plusieurs travailleurs se plaignent de la promiscuité dans les campements. Pas le Dr Topalov. « En général, les endroits sont confortables. C'est propre. On vit dans des "campes". On change souvent de place. On passe environ un mois et demi par endroit. Cette saison (en 2007), j'ai été dans trois endroits différents, pour environ un mois et demi à chaque endroit. On avait deux "campes" dans la forêt. Complètement autonomes. »

Les travailleurs doivent partager une chambre à deux.

— Vous ne trouvez pas cela difficile ?

— Non.

Sa femme se met à rire et parle pour lui.

— Ça dépend d'où tu viens et quelles expériences tu as vécues avant.

— Et la douleur physique dont parlent plusieurs débroussailleurs ?

Encore là, c'est sa femme qui répond.

— Il ne se plaint pas parce qu'il est fier. Il dit que c'est OK, mais parfois il me dit que l'équipement est trop lourd ; les moustiques, terribles. Il a des douleurs dans les articulations. Il a la peau des mains et des jambes déchirée. Mais il va jamais se plaindre. Il a l'habitude du travail stressant comme cardiologue. »

Travailler avec plusieurs communautés culturelles ne crée pas de conflits, selon lui. « Tout le monde travaille mélangé. Cette année, c'était deux équipes. Deux contremaîtres et deux équipes, et c'était tout mélangé: des Africains, des Russes, des Ukrainiens, des Roumains. Ça ne pose pas de problèmes. »

Le fait d'être un « incorporé » ne change rien aux conditions de travail sur le chantier. Il est traité au même titre que le travailleur régulier. « Seulement le paiement est différent. Le salaire est différent parce que, pour le travailleur qui travaille pour le chômage, le prix payé aux hectares est différent de celui de l'incorporé, c'est tout. »

Quand je lui demande combien d'hectares il peut débroussailler dans une semaine, il répond candidement qu'il ne les a jamais comptés. Il est pourtant payé à l'hectare. Ce qu'il sait, toutefois, c'est que pour atteindre son objectif financier, il doit travailler un minimum de six jours par semaine et dans du beau terrain.

Mais le mauvais terrain, montagneux, rempli de branches, accidenté, alterne avec le beau, qui se fait de plus en plus rare. « Le mauvais secteur ne peut pas se faire en un jour ou deux jours, explique Mariana Topalova. Ça prend beaucoup plus longtemps, ça veut dire que tu ne gagnes pas toujours 1500 $ dans une semaine. »

Les travailleurs sur le chantier savent qu'ils côtoient un médecin. Lui arrive-t-il de se faire demander des petites consultations ?

« Mon travail là-bas (en Moldavie) était très spécifique, vous savez, j'étais cardiologue. Je ne peux pas les aider. Heureusement je n'ai pas vu de crises cardiaques sur le chantier », lance-t-il en riant.

Sa profession ne le met pas non plus à l'abri de ce qu'il considère comme des irrégularités.

Comme il devait se rendre en Moldavie pour une période de deux mois en 2007, le Dr Topalov a décidé de commencer sa saison plus tôt, au début de mai, pour la compagnie Sylviculture Ser-for. Son employeur habituel, La Forêt de demain, ne commençait les contrats que vers le 20 mai.

Il a travaillé pendant un mois chez Sylviculture Ser-for, explique-t-il, mais l'entrepreneur a retenu 10 % de la totalité de ses gains sous prétexte qu'Andrei n'aurait pas respecté son contrat. « Dans ce contrat, il y a une proposition qui dit que je dois couper 34 hectares et qu'après cela, il me paierait complètement. Je n'ai pas fait 34 hectares parce qu'il a changé les conditions. Il a changé tout. Je suis parti. J'ai reçu un chèque, mais il a retiré 10 %. »

Andrei Topalov sait bien qu'il ne verra jamais la couleur de cet argent. « On avait eu une grande réunion avant pour établir les prix, mais une fois rendus sur place, les prix ont changé. Normalement, ça commence à 450 $ l'hectare ; c'était rendu beaucoup plus bas que cela. »

En 2007, il en était à sa quatrième saison de débroussaillage.

— Envisagez-vous de faire cela encore très longtemps ?

— À chaque année, je me dis que c'est la dernière fois… la dernière fois… la dernière fois… parce que le travail est très difficile.

Le plus dur ? Marcher sur un sol difficile, le bruit agaçant des débroussailleuses, la neige, les moustiques, la chaleur, la lourdeur de l'équipement. Et le revenu à la fin de la saison n'est jamais ce qu'on avait espéré. Alors, il faut reprendre un autre petit boulot pour mieux faire vivre la famille. Ce qui retarde l'apprentissage du français.

Les Topalov ne s'attendaient pas à ce qu'on leur déroule le tapis rouge à leur arrivée au Québec, mais ils ne s'attendaient pas non plus à ce que ce soit si dur et que le chemin soit si long pour atteindre un certain confort.

La première année après leur arrivée, ils se sont consacrés à l'étude du français. C'est l'obstacle numéro un, lance Mariana. « Pour nous, c'est difficile parce que l'examen est dans une autre langue. Il faut lire dans une autre langue et choisir la réponse qui est correcte. Ça prend plus de temps. Il faut que tu lises et que tu réfléchisses parce qu'il y a six moyens de répondre. »

Après avoir passé six examens leur permettant d'obtenir des équivalences au Québec, les médecins d'origine étrangère doivent faire un stage de cinq ans, comme c'est le cas pour Andrei, ou deux ans pour la médecine générale que pratique Mariana.

Pour passer les examens, cela demande du temps. Ensuite, il faut attendre jusqu'à deux ou trois ans qu'un poste de stagiaire se libère dans un hôpital pour y travailler avant de pratiquer de façon autonome. Les stages sont rémunérés, mais plusieurs se découragent avant d'atteindre ce premier objectif. Seulement 5 % des médecins immigrants restent au Québec, selon la Dre Topalova. « On a beaucoup de connaissances qui ont passé l'examen, mais ils n'ont pas eu le stage, alors ils sont partis aux États-Unis. Si on prend le pourcentage (de ceux qui font leur stage), c'est 5 %. Le reste, ils sont partis aux États-Unis. »

Une solution que n'envisage pas la famille Topalov, comme l'explique le père. « On va rester, c'est difficile de faire deux immigrations. Déjà, on a appris une nouvelle langue. Déjà, on sait quoi faire, comment se préparer en français. Recommencer en anglais, dans un autre système... Il faut apprendre une nouvelle langue. On a 40 ans, on ne veut pas arriver au but à 50 ans. »

Un autre problème se pose : plus le temps avance et plus l'expérience risque de se perdre. « On ne pratique pas pendant quatre ans… Ce n'est pas facile, on doit passer tous les examens, six examens. Ça sert à nous évaluer, à nous donner des équivalences. »

Andrei Topalov insiste aussi sur le fait qu'il a pratiqué la cardiologie pendant 15 ans. Pourquoi devrait-il faire un stage de cinq ans ? « La médecine, c'est la même chose que dans mon pays. On a la pratique, on connaît la situation. Moi, j'ai travaillé comme cardiologue tout le temps dans mon pays, je ne veux pas changer de profession. »

Le couple de médecins a l'impression qu'on leur ferme les portes des hôpitaux. Même pour travailler comme infirmier, ça exige un stage de deux ans.

« L'accès est tellement difficile, déclare Mariana, on n'a pas accès à la médecine. Si au moins on pouvait aller dans un hôpital travailler comme auxiliaire. On est écartés complètement. Moi, j'ai pratiqué jusqu'en février 2004 et nous sommes partis en mars. Si je pouvais étudier pendant six mois et, après, faire un examen d'évaluation et entrer dans un hôpital… Si un Québécois tombe malade en Moldavie, il va venir chez nous, il va avoir un traitement. Ici, on est capables de donner le même traitement. »

Une aide gouvernementale encouragerait les nouveaux arrivants à se recycler rapidement et à être utiles beaucoup plus rapidement à la société québécoise, ajoute Mariana. « Si on pouvait avoir une bourse ou quelque chose pour pouvoir se concentrer là-dessus ! Étudier la médecine et après, faire ton examen. Mais non, il faut faire les deux : il faut que tu travailles, que tu étudies, et il faut que tu étudies le français. On ne peut pas venir ici avec une famille de quatre personnes et étudier. Tu vas vivre comment ? Il faut passer tous les examens d'évaluation, ça, on comprend, mais c'est très difficile d'avoir son stage en médecine. Et en plus, le stage dure cinq ans. »

Malgré cela, le couple reste optimiste et travaille. Même la plus vieille de la famille, qui était en 5e secondaire en 2007, a un travail à temps partiel.

Ce qui les renverse dans ce contexte, c'est le manque criant de médecins au Québec, pendant qu'ils croupissent au purgatoire des « jobines ». « On sait qu'il manque de médecins ici, lance Mariana. Moi, je suis médecin de famille. J'ai pratiqué pendant 12 ans. Je dois avoir mes équivalences, OK, ça, je comprends. Mais le stage... Pourquoi ça doit être si long ? On se demande parfois : quand est-ce que ça va finir ? »

Ils ne peuvent s'empêcher d'être un peu critiques face aux services d'urgence au Québec. Quand il leur faut attendre des heures dans un hôpital pour voir un médecin, les Topalov n'en reviennent pas. « Nos hôpitaux sont pauvres en Moldavie, mais on traite nos patients avec plus d'humanité », estime-t-elle.

Un autre motif de découragement, c'est la difficulté de s'intégrer dans la société québécoise. « C'est plus ouvert ici qu'en Europe, mais, dès que les gens entendent un accent étranger, on sent que c'est différent, souligne Mariana. C'est pourquoi j'ai de la difficulté à travailler comme designer. C'est difficile d'avoir une clientèle. »

L'autre difficulté, c'est de se retrouver dans l'anonymat d'une grande ville. « Là-bas, on n'avait pas beaucoup d'argent, mais on avait une maison, on avait une niche sociale. Ici, on n'est pas grand-chose. »

Ils avouent ne pas avoir beaucoup de temps pour suivre l'actualité québécoise. Au moment de notre rencontre, en novembre 2007, la Commission Bouchard-Taylor sur les accommodements raisonnables avec les immigrants suscitait beaucoup de débats. Ils n'étaient pas au courant. Ni des institutions qui viennent en aide aux travailleurs, comme la Commission des normes du travail et la Commission de la santé et de la sécurité du travail. « On travaille ou on étudie tout le temps, c'est simple », conclut la médecin.

CHAPITRE 8

La Forêt de demain

La Forêt de demain. Son nom est sur toutes les lèvres en Abitibi. Un des plus importants employeurs dans le domaine sylvicole. Pas ou à peu près pas de travailleurs locaux. La Forêt de demain traîne dans son sillage une réputation qui n'est pas nécessairement celle de l'employeur modèle. Au cours de notre recherche, nous avons souvent trouvé des plaintes et des recours juridiques qui lui sont associés.

L'entreprise est une filiale québécoise de Outland Reforestation, une compagnie basée à Toronto. « Oui, on a des gens qui, comme dans n'importe quelle entreprise, ne nous aiment pas et ne reviendront pas, rétorque le directeur général Ricky Boulanger, mais il y en a une bonne majorité qui revienne. Je peux vous dire qu'il y a 65 % à 70 % de travailleurs d'année en année qui reviennent toujours. Mais, oui, il y en a peut-être un 30 % qui ne nous aime pas, puis on le respecte. On ne peut pas être aimés de tout le monde, c'est impossible. C'est peut-être possible, mais c'est très difficile. On n'est pas parfaits, on fait des erreurs, mais on essaie de s'améliorer d'année en année. On en est conscients. »

La Forêt de demain recrute dans toutes les régions du Québec et ailleurs au Canada.

« On n'a pas eu de problème à recruter. On a refusé des gens. On a des travailleurs de la Gaspésie, de la Côte-Nord, de Montréal, de l'Outaouais. »

Il y a même des débroussailleurs qui viennent d'aussi loin que la Colombie-Britannique. « Quand ils ont terminé dans les autres provinces, on les amène ici pour travailler. »

L'important, selon Ricky Boulanger, c'est de suivre les règles dictées par le ministère des Ressources naturelles et les entreprises forestières. « Il y a des règles très strictes. Tout est normalisé par le ministère des Ressources naturelles. [...] Il y a un cahier de normes. Et par la force des choses, vu qu'on est le sous-traitant du client, on doit respecter le même cahier. L'industriel embauche des techniciens et des ingénieurs pour faire le suivi de nos travaux pour s'assurer que le tout est fait conformément aux normes. »

Il insiste sur le fait que son entreprise n'utilise pas tellement de sous-traitants. « On n'a pas tant de sous-traitants, non. Nous, on contrôle nos choses. On a toujours un technicien de La Forêt de demain sur place. »

La question de la sous-traitance ne semble pas trop le préoccuper, lui qui admet faire affaire avec d'autres entrepreneurs. « On a eu des entreprises qui ont fait de la sous-traitance pour faire de l'exécution de travaux. La sous-traitance, ça me fait rire. Dans une mine, c'est bien plein de sous-traitants. Vous regardez dans la construction : si SNC-Lavalin construit un building à Montréal, combien pensez-vous qu'il va y en avoir, de sous-traitants là-dedans ? »

Il croit que tous les sous-traitants ne sont pas intègres à 100 %. « On leur demande leur rapport d'impôt annuellement. On fait une vérification à l'interne pour voir si tout est réglementaire. On a eu un ou deux cas où on avait un doute, et ç'a été fini. On n'a rien prouvé. »

La GRC a fait expulser, en 2006, un ressortissant roumain en raison de son statut illégal. Toutefois, La Forêt de demain entretient encore en 2007 des liens d'affaires avec sa compagnie, Forestiers Trans-Canada inc.

Cette compagnie apparaît au Registraire des entreprises du Québec et son actionnaire principal est Petru Crisan, l'homme qui a été déporté.

Ricky Boulanger n'y voit rien d'immoral. « Forestiers Trans-Canada travaille encore pour nous, et c'est une très bonne entreprise. C'est sa femme qui gère l'entreprise, et la compagnie est au nom de sa femme. Mais là je veux vous juste vous arrêter, c'est pourquoi que vous m'appelez ? Parce qu'on dirait que vous essayez de chercher des choses. Il travaille pour nous et il va travailler encore pour nous parce que c'est un très bon entrepreneur. Lui est parti, mais la compagnie répond aux normes. On a tous les papiers légaux qui prouvent que le transfert a été fait. »

Pas question donc de cesser de travailler avec Forestiers Trans-Canada. « J'adore cette compagnie-là et je ne me départirai pas de cette compagnie-là. Tout comme Domtar aime La Forêt de demain et ne voudrait pas se départir de La Forêt de demain. »

Et le travail au noir dont plusieurs parlent ? « Si vous engagez un ouvrier chez vous, puis que vous le payez en *cash*… Je ne suis pas dans le secret des dieux pour voir tout ce qui se passe. »

Le système d'attribution de terrains à débroussailler a déjà fonctionné par soumissions. Ce qui n'est plus le cas depuis quelques années. « À l'époque, on soumissionnait ; maintenant, on ne soumissionne plus. Si vous avez une bonne entente avec les industriels, vous avez une bonne qualité de travail. Habituellement, on a des contrats à long terme avec eux. C'est sûr que, si tu fais un travail qui est tout croche, tu vas te faire mettre à la porte, comme on dit. »

Ce serait à l'entreprise qui alloue les contrats de payer le technicien chargé de vérifier la qualité des travaux. « En fait, il y a des crédits alloués pour la technique par le ministère, explique Ricky Boulanger. Il est reflété dans le prix global, un peu comme quand on paie quelqu'un à l'hectare. Le technicien est payé par l'industriel. »

Les conditions de travail et les règles de santé et de sécurité des débroussailleurs relèvent d'abord de la compagnie forestière, qui les refile aux sous-traitants. « La Forêt de demain est la compagnie qui fait le plus de contrôle en forêt sur la santé et la sécurité au travail, affirme son directeur général. Le débroussailleur trouve qu'on est un peu fous sur la santé et la sécurité, et il démissionne parfois parce que c'est trop contrôlé. Pourquoi c'est très contrôlé ? C'est que l'ensemble de nos clients sont ISO (l'International Organization for Standardization créée le 23 février 1947, dont la vocation est d'harmoniser et de favoriser le commerce international en respectant des normes spécifiques). Ça nous force, nous, à mieux performer, et eux font des visites surprises en forêt. Alors, s'ils trouvent des gens qui ne sont pas conformes du point de vue de la santé et de la sécurité, là, on a des rapports négatifs dans l'entreprise, et on est mal notés. »

C'est la technique de la carotte et du bâton. « Vu qu'on veut garder nos clients à long terme… Domtar, ça fait peut-être 14 ans que c'est mon client. Abitibi-Consolidated, ça doit faire 10 ans qu'il est client à La Forêt de demain. On a des clients qui sont stables et ils nous aiment. Oui, on fait des fautes, mais quand ils nous disent de corriger des fautes, on met un système en place pour les corriger. »

La formation est donnée par le contremaître ou un compagnon (en général un débroussailleur d'expérience), affirme Ricky Boulanger. « On a des compagnons. Eux sont embauchés spécialement pour faire le suivi des travailleurs qui sont nouveaux, sans expérience. Ils font un suivi journalier pour voir si le travail est fait conformément aux normes. Ils leur montrent les choix des essences d'arbres, la boussole, comment s'orienter, la mécanique de la débroussailleuse. »

Comme d'autres, il reconnaît que le système a déjà laissé place à pas mal de laxisme. « Cela s'est amélioré de beaucoup. Le gouvernement a resserré les normes parce qu'il y avait eu trop d'abus dans le passé sur le contrôle de la qualité des travaux. Il y a eu beaucoup de travaux qui étaient déclarés faits et qui n'avaient jamais été faits. Alors, quand le ministère s'est rendu compte de cela, il a serré la vis. Il y a eu plus de vérificateurs et ç'a été correct. Mais là, tout le monde s'est mis à dire : le ministère est trop sévère. On disait ça il y a cinq ans, et depuis cinq ans, les normes se sont encore resserrées d'année en année. Tout le monde s'adapte, et tout le monde fait des travaux encore. »

Le directeur général de La Forêt de demain n'aurait été témoin lui-même d'aucun abus, affirme-t-il. « Moi, j'étais même pas dans le métier quand ces choses-là se passaient. Quand j'ai commencé dans le métier, on a commencé comme tout le monde, tout petit. Ç'a pris de l'ampleur, mais je n'ai jamais entendu parler de fraude monétaire, de fraude de terrains. J'ai entendu des choses, mais je n'ai jamais été témoin direct de choses comme ça. »

L'arrivée du forestier en chef après la commission Coulombe sur la gestion de la forêt publique québécoise, a occasionné une prise de conscience. « Il y avait quelques lacunes dans certaines normes, qui ont été discutées avec lui. Et il a apporté des correctifs, oui, ç'a été positif, c'était pas majeur. »

Le métier de débroussailleur serait-il en train de disparaître tranquillement ?

À La Forêt de demain, le nombre de débroussailleurs a diminué, tout comme les semaines de travail dans une saison. En 2007, les débroussailleurs ont travaillé à peu près le nombre minimal de semaines pour avoir leurs « gros timbres », autour de 16 semaines plutôt que 26 dans les années passées.

Même Ricky Boulanger ne semble pas optimiste. En 2007, son entreprise n'avait embauché que 200 débroussailleurs ; les bonnes années, il y en a eu jusqu'à 500. La conjoncture économique de la région et la crise dans l'industrie forestière en seraient responsables, selon lui.

« L'industriel fait moins de récoltes. Vu qu'il y a moins de récoltes, ça égale moins de travaux. La quantité de travaux qui va être faite dans une année va être référée au nombre de mètres cubes qu'ils (les forestières) ont coupés dans une année. C'est relié à l'économie et au marché. »

Il y aurait plus de débroussailleurs qui voudraient travailler que d'hectares à nettoyer, du moins à La Forêt de demain.

« L'année prochaine (2008), on va avoir beaucoup moins d'hectares. Au lieu d'avoir 200 débroussailleurs, on va en avoir peut-être 100, poursuit-il. C'est sûr que, dans les années futures, ce ne sera pas rose. Il va y avoir de moins en moins de travail dans ce domaine, si on regarde la situation économique d'aujourd'hui. S'ils coupent moins de bois à cause de la conjoncture économique, on ne peut pas faire de travaux. »

Selon lui, il faut un drame pour réfléchir. « Ce qui arrive en forêt, c'est plate, mais il va y avoir une armée qui va travailler fort pour trouver des nouveaux créneaux, de nouveaux marchés, de nouveaux produits, de nouvelles utilisations, de nouvelles façons d'aménager la forêt. C'est correct, on va ressortir gagnants, tout le monde, mais, oui, il va falloir vivre le creux. »

La construction, l'installation et la gestion des camps de mineurs ont pris un peu le pas sur le débroussaillage pour La Forêt de demain. « On a ouvert un camp au Nunavut et un à la baie d'Ungava. Il y a des mines qui viennent d'ouvrir dans le Grand Nord. »

L'effort physique qu'exige ce travail serait-il aussi en cause ?

« C'est pas facile, c'est physique, mais moins physique que le reboisement. Le reboisement est beaucoup plus physique. Au début, la différence, c'est que tu as un outil dans les mains qui est difficile à maîtriser, alors que le reboiseur a seulement un plantoir et un harnais pour accrocher ses plants. Mais une fois que tu as maîtrisé l'outil, la majorité des débroussailleurs qui sont avec nous depuis un bout de temps ou qui ont de l'expérience gagnent très bien leur vie. On a des débroussailleurs qui vont gagner 40 000 $ à 60 000 $ en cinq mois et demi de travail. C'est quand même des bons salaires pour le peu de temps travaillé. Oui c'est physique, c'est neuf heures en forêt. Quand il y avait beaucoup de travail, on débutait au début de mai et on a déjà travaillé jusqu'à la première semaine de décembre. »

On sait que des crédits alloués par le ministère sur les droits de coupe, 50 % devrait aller aux entreprises et 50 %, aux travailleurs sylvicoles. Mais les industriels ne verseraient pas la totalité de ces crédits. « Le client ne donne pas la totalité. Il y a une partie que l'industriel garde pour assurer ses frais à lui d'ingénierie, de plan, etc. Ça dépend du client. On a un taux différent par client, ça dépend de toutes sortes de choses, ça dépend si le terrain est très éloigné de l'asphalte, de la distance à parcourir. Il y a toutes sortes de facteurs qui entrent en ligne de compte. »

Il arrive aussi, selon lui, que le travailleur touche 60 % de la somme allouée quand le terrain est plus difficile. « On a une grille de prix fixe à l'interne. Et ce n'est pas à cause qu'on avance dans la saison qu'elle va changer. On peut perdre jusqu'à 30, 40 % des travailleurs. Quand on en avait 500 réguliers, on en passait peut-être 750 pour garder une moyenne de 500. Et on a tout le temps fait nos travaux à 100 %. Il n'y a jamais eu un hectare qui n'a pas été fait parce qu'on manquait de travailleurs. »

En 2001, il y a eu une demande de syndicalisation incluant des travailleurs de La Forêt de demain (dossier AM-1005-1493) qui a abouti à la Commission des relations du travail en novembre 2003. Après un deuxième scrutin, la requête en accréditation du Syndicat canadien des communications, de l'énergie et du papier a été rejetée.

La position de Ricky Boulanger a le mérite d'être claire en ce qui a trait aux organisations syndicales. « C'est non. J'aime mieux, moi, contrôler mon entreprise que de me faire contrôler. Il y a des points positifs et des points négatifs à tout. Je ne veux pas élaborer là-dessus parce qu'on pourrait parler longtemps. »

Cela ne permettrait-il pas des conditions plus uniformes dans le milieu ?

« Pourquoi moi, j'aurais à subir l'uniformatisation d'entreprises qui ne vont pas bien ? Si un syndicat serait bon pour uniformiser le travail ? Dans mon cas à moi, c'est non. C'est la libre entreprise. Moi, je crois que, s'il y a autant de travailleurs qui viennent travailler chez nous et que si, encore aujourd'hui, on refuse des travailleurs, ça doit être qu'on fait des choses bien. On n'a pas besoin de recruter des travailleurs, parce qu'ils viennent à nous. »

Et qu'est-ce qui attire les travailleurs ?

« Je ne sais pas ce qui se fait ailleurs. On essaie de faire du mieux qu'on peut avec notre organisation et ç'a l'air que ça marche. Je ne vais pas voir ailleurs combien est-ce qu'ils paient, comment ils fonctionnent. Juste du point du vue du camp, je peux vous dire que nos clients (les forestières) sont très bien contrôlés parce que la majorité de nos clients sont ISO. Ils doivent s'assurer que tous les camps rencontrent les normes ISO et la CSST. Tous nos camps sont vérifiés pratiquement annuellement et il y a trois ou quatre visites par le système ISO pour voir si on est conformes ; après, tu as la CSST qui vient vérifier si tout est conforme. On travaille dans la réglementation. »

À un moment donné, La Forêt de demain était surnommée « la Forêt des Roumains » par la population locale, rapporte le journaliste Yves Chartrand dans un article paru en octobre 2004 dans le *Journal de Montréal*.

Comme au Lac-Saint-Jean, les populations de travailleurs sylvicoles évoluent par groupes culturels. Chaque chantier compte en moyenne de 60 à 70 personnes par site.

« Cette année (2007), je vous dirais qu'il y en a plus d'origine québécoise, précise Ricky Boulanger. On a peut-être 65 à 70 % d'origine québécoise et 30 % d'origine étrangère. Quand on avait 500 débroussailleurs, c'était peut-être 55, 60 % étrangers (d'origines autres que québécoise), puis 40 % de Québécois (de souche). »

Le défi de vivre le multiculturalisme en forêt n'est pas plus facile qu'en ville. « Comment on fait pour mélanger les "ethnies" (l'expression est de l'entrepreneur) ? Ben, ce sont nos cuisiniers qui font de la magie là-dedans. Nos cuisiniers, on essaie de les former pour qu'ils soient capables de faire de la nourriture pour toutes les "ethnies". Pour le porc, c'est un petit peu compliqué. Ce sont nos cuisiniers qui font le succès là-dedans. »

Selon lui, il est tout à fait naturel que, dans les camps, il se forme de petits groupes. « S'il y a des Roumains, des Africains, ça crée des clans. Les Roumains se tiennent ensemble ; les Québécois se tiennent ensemble ; les Africains se tiennent ensemble. »

Il y aurait, selon lui, de moins en moins de Roumains en débroussaillage. « Mais il faut dire aussi qu'il y a de moins en moins de travail dans le domaine du débroussaillage. Il y a de moins en moins de travailleurs sylvicoles de toutes les nationalités. Mais il y a aussi moins de Roumains qui font du débroussaillage, maintenant ce sont surtout des Africains. »

Leur modèle ressemble tristement à ce qui se passait dans les manufactures du XIXe siècle. Un groupe culturel en écarte un autre et tente d'y trouver ses avantages.

CHAPITRE 9

Chroniques d'un tiers-monde au Québec

Lorsque le journaliste Yves Chartrand du *Journal de Montréal* s'est rendu dans les chantiers du Québec en 2004 en vue d'écrire une série d'articles sur les forêts, il a découvert un tiers-monde dont il n'avait jamais soupçonné l'existence.

« J'ai parcouru 8000 kilomètres dans les chemins forestiers pendant tout un été. Les gens qui travaillent dans le bois ne sont pas accessibles facilement. Je peux dire que j'ai rencontré un tiers-monde à l'été 2004. Des gens qui travaillaient comme des fous, qui vivaient dans des conditions inacceptables au Québec. »

Il faut se rendre sur les lieux pour constater, selon le journaliste, qu'on n'y respecte pas la loi. « Les normes du travail existent pourtant aussi pour ces gens-là. Ils doivent avoir des facilités de logement, d'approvisionnement pour la nourriture et tout ça, mais, sur les lieux, on s'aperçoit que ces normes-là ne sont pas toujours respectées. On a vu des gens qui passaient l'été dans une petite tente. »

On lui a raconté l'histoire d'une fille qui plantait des arbres et qui était probablement en rupture avec la société à Montréal. Elle avait décidé d'aller passer l'été dans un camp de travailleurs en Haute-Mauricie. « Elle s'était fait une petite tente en réunissant des sacs de vidanges, une petite tente pour une personne. Elle avait passé plusieurs semaines, un mois ou deux, en fait, à coucher là-dedans, c'est épouvantable. Ça n'a pas de bons sens. Elle se lavait dans le lac. »

Ce cas est loin d'être unique, selon Yves Chartrand. « J'en ai vu quelques-uns comme ça. J'ai trouvé cela épouvantable que ça se passe encore au Québec en l'an 2004. »

Pour avoir couvert intégralement les audiences de la Commission d'étude sur la gestion de la forêt publique québécoise, présidée par Guy Coulombe à l'automne 2004, Yves Chartrand affirme que le reboisement et le débroussaillage ne sont pas les préoccupations premières des entreprises forestières.

« Le problème est que l'aménagement est confié à ceux qui coupent. Après la coupe, ils doivent aussi aménager les forêts. Selon moi, c'est une erreur. Les compagnies vont là pour couper du bois. L'aménagement, c'est des dépenses, ce ne sont pas des revenus (il faut toutefois rappeler que les crédits pour l'aménagement sont déduits des droits de coupe que versent les compagnies au gouvernement ; elles n'ont donc rien à débourser). Ils font ce que le gouvernement leur dicte comme normes, mais ce n'est pas ça, leur préoccupation première. Leur préoccupation première, c'est d'aller chercher le bois pour approvisionner leurs usines. Normalement, ce devrait être le contraire, que l'aménagement des forêts prime sur l'approvisionnement des usines, et ça devrait être les travailleurs sylvicoles les premiers en haut de la chaîne, et non les derniers, comme c'est le cas présentement. »

Le sujet a d'ailleurs fait l'objet d'un débat à la Commission Coulombe. « Il y a eu quelques réunions avant qu'ils se mettent à la rédaction de leur rapport. Il y a eu de grandes discussions où on n'était pas loin de penser qu'il fallait absolument séparer l'approvisionnement de l'aménagement et de recommander au gouvernement de reprendre en main l'aménagement et d'en faire une priorité dans le domaine forestier. Ça ne s'est pas fait parce que c'est un changement qui était trop grand, et M. Coulombe, qui est un homme pratico-pratique, s'est dit : si on suggère ça au gouvernement, c'est sûr qu'il ne le fera pas, c'est trop gros. Il ne nationalisera pas l'aménagement des forêts. Il (le commissaire) n'a donc pas touché à cela, mais je pense que c'est ça qu'il aurait fallu faire. Il aurait fallu faire de l'aménagement la partie la plus importante du régime forestier, et ce n'est pas le cas. »

Le journaliste fait un constat sévère de la gestion des forêts au Québec. « On n'a pas de régime forestier au Québec. On a le grand avantage d'avoir des forêts immenses. Pendant longtemps, on disait que ça n'avait pas de fin, alors on y allait à fond la caisse sans vraiment se préoccuper d'aménager les forêts parce qu'on se disait qu'on ne verrait jamais la fin de ça, sauf qu'aujourd'hui on la voit, la fin. Si ç'avait été fait comme il faut depuis plusieurs décennies, normalement, on aurait pu redescendre vers le sud parce que les forêts auraient été prêtes. Le cycle aurait été bouclé et on serait revenu en bas. »

Pourquoi pas le modèle finlandais ? suggère-t-il. « On pourrait faire de la ligniculture, comme ça se fait en Finlande. On plante 20 000 chênes en ligne avec les normes, et c'est pour l'exploitation de la matière ligneuse. Il ne faudrait pas avoir peur de faire de la vraie plantation, comme ça se fait en Europe. Sauf qu'il n'y a pas de biodiversité dans les forêts en Finlande. Nous, on l'a encore, cette biodiversité. Alors, ménageons-la et faisons de l'aménagement forestier de façon industrielle dans le sud, où ça pousse. Quitte à le faire faire par des entreprises privées où il y a du rendement. »

Les politiciens n'ont pas cette vision, au dire de Yves Chartrand. « Tout ça est politique, et dire qu'il faut commencer maintenant en prévision d'une récolte dans 50 ans, c'est comme si ça n'existait pas, 50 ans. Le politicien pense en termes de quatre ans, et maintenant, c'est quasiment en termes d'un an, on s'entend. »

Pendant les délibérations de la Commission Coulombe, il ne se rappelle pas que la question de la syndicalisation des débroussailleurs ait été discutée.

Pourtant, au fil des reportages parus en 2004, le journaliste a rapporté plusieurs cas d'abus, des cas de quelques travailleurs immigrants illégaux qui profitaient allègrement du système.

Un débroussailleur d'origine roumaine (il y en avait beaucoup à La Forêt de demain en 2004) lui avait confié sa stratégie sous le couvert de l'anonymat. « Supposons qu'un Roumain avec un statut légal obtenait de La Forêt de demain un mandat d'aménager un secteur, il se faisait aider par des illégaux. Il appelait ses chums, puis ils partaient une dizaine en gang sur le territoire concédé par La Forêt de demain. Après, ils touchaient l'argent que ça rapportait et ils se "splitaient" ça. Il y avait des gens d'expérience qui n'aimaient pas cela. Le gars de La Forêt de demain (Alain Ouimet) m'avait dit qu'il ne pouvait pas contrôler tout le monde. Le travail se fait dans des forêts comptant des milliers de kilomètres. »

Tous sont d'accord pour dire que, sans les travailleurs immigrants, la main-d'œuvre sylvicole ne pourrait jamais suffire à la tâche.

« Les Québécois n'aiment pas ces jobs-là, commente Yves Chartrand. Ce n'est pas assez payant, c'est trop dur. Le Roumain m'avait dit : "Écoute, avec l'argent que je fais ici, quand je retourne dans mon pays, je mène une vie de roi." »

CHAPITRE 10

Pourquoi pas des employés de l'État ?

Dans une société idéale, les débroussailleurs seraient des employés de l'État, soutient Bernard Forest, le président du Syndicat national de la sylviculture de la Fédération des travailleurs et travailleuses du papier et de la forêt, affiliée à la CSN. « On travaille en forêt publique, pourquoi on ne pourrait pas être directement des travailleurs de l'État ? »

Les débroussailleurs seraient alors traités au même titre que les employés d'hôpitaux, les enseignants et les fonctionnaires. Ce nouveau statut représenterait un virage majeur par rapport à la situation de sous-traitance actuelle.

Mais comme nous ne sommes pas dans un monde idéal, Bernard Forest est réaliste. La première bataille à gagner : le salaire horaire. Déjà très difficile. Et la deuxième : une syndicalisation multipatronale à la grandeur du Québec. Un peu comme ce qui se passe dans la construction. Même quand on change d'employeur, on conserve ses droits.

« Si le débroussaillage était comme dans la construction, ça réglerait un énorme problème de mettre nos cartes à jour et ainsi de suite, explique Bernard Forest. On a perdu des sections parce que le boss connaissait bien ses travailleurs. Il en faisait démissionner plus de la moitié, alors quand il demandait de vérifier si on était encore majoritaires, il savait qu'on ne l'était pas. »

Bernard Forest a entrepris son deuxième mandat comme président du Syndicat national de la sylviculture en mai 2006. Il a travaillé en plantation et en débroussaillage avant de militer en faveur des travailleurs sylvicoles.

Né en Gaspésie en 1967, il a œuvré surtout dans le Bas-Saint-Laurent. Il demeure à Rimouski. Il s'est retrouvé en forêt après un an d'études en activité physique, à l'Université de Sherbrooke. Il avait 18 ans. C'était en 1985.

C'est un peu l'amour qui l'a amené au débroussaillage. « Ma blonde m'avait laissé au printemps. J'ai cuvé ma peine d'amour dans le bois. En revenant, j'ai croisé ma blonde et il y avait des possibilités qu'on revienne ensemble. Alors, je me suis dit : je lâche l'école, puis je reviens à la maison. On est toujours ensemble, on a deux enfants. À ce moment-là, il n'y avait aucun débouché en éducation. C'est un travail (planteur, puis débroussailleur) qui m'a permis d'être plus souvent à la maison avec les deux filles. Ma blonde travaille dans le milieu scolaire, alors elle est là tout l'été. »

Ses premières années ont été les pires en termes de terrain. « Dans le coin de Maniwaki, je me suis perdu une fois en plantant des arbres. Il faut le faire. Je considère que j'ai quand même un bon sens de l'orientation. Ils avaient trop attendu après avoir fait tous les travaux d'aménagement du terrain. On ne voyait pas le fond de terrain. »

Un sol tellement rempli de branches, tellement dense, qu'une fois il a marché sur un énorme chien vivant et il ne l'a jamais vu. « Il était noir, j'ai pensé sur le coup que c'était un ours. C'est la seule fois où j'ai eu peur dans le bois. »

Il a fait ce travail pendant 15 ans avant d'être recruté par la CSN.

Le Syndicat national de la sylviculture compte environ 900 membres dont la majorité, environ 90 %, sont des débroussailleurs. Ils viennent en grande partie du Bas-Saint-Laurent et de la Gaspésie, explique Bernard Forest. Le taux de scolarité n'est pas très élevé chez ces travailleurs. « Il y a des études qui le prouvent. Il n'y en a pas beaucoup qui ont passé leur 5e secondaire. »

Et ces travailleurs ont souvent peur de se plaindre de leurs conditions. Les entrepreneurs opposent beaucoup de résistance face au mouvement syndical, souligne Bernard Forest. Une compagnie qui appartient à un propriétaire unique peut embaucher seulement des « amis » pour éviter la syndicalisation. « Un gars peut se partir une compagnie, engager 30 travailleurs et faire travailler ces 30 gars-là et ça peut être 30 de ses chums. Si le syndicat veut entrer, il (le propriétaire) va dire : "Écoutez les gars, ça ne marche pas de même. On sort ça (le syndicat) et dites-moi ce que vous voulez." »

Pas facile non plus de porter plainte si les lois sur les normes du travail et celles sur la santé et la sécurité ne sont pas respectées. « Avant, il n'y avait personne qui se plaignait. Tu sais que, si tu te plains, tu vas te faire taper sur les doigts. Tu te demandes : est-ce que ça vaut la peine de partir en peur, puis en cavale comme Jean-Baptiste (Jean-Baptiste Mailloux, le président du Regroupement des travailleuses et des travailleurs sylvicoles du Québec) le fait ? Moi, je lui lève mon chapeau. »

La problématique de la syndicalisation n'est simple pour aucune organisation ouvrière. Le risque d'entraîner la fermeture d'une entreprise quand on fait appliquer la loi est bien réel, concède le représentant syndical. « Je me suis battu beaucoup. On a une très bonne centrale syndicale (la

CSN). Elle vient me chercher dans plusieurs valeurs, mais ça prend du temps. J'ai déjà dit à Jean-Baptiste: "Je suis un peu pogné parce que, si je revendique trop et que je fais fermer toutes les compagnies parce qu'elles ne sont pas capables de payer le salaire minimum, je me retrouve dans un an sans travailleur à défendre. Ça ne fera rien pour aider la syndicalisation. Si je fais fermer la compagnie pour laquelle ils ont travaillé pendant 20, 25 ans et qu'ils sont obligés d'aller travailler probablement pour le même boss (parce que le boss, il va se virer de bord et il va se partir une compagnie au nom de XYZ), ils ne seront pas plus avancés."»

Les lois du travail n'empêchent en rien une compagnie de fermer à la fin d'une saison et de redémarrer l'année suivante sous un autre nom, juste pour éviter la syndicalisation, souligne Bernard Forest. « L'entrepreneur va pouvoir avoir ses contrats parce qu'il a déjà tous ses contacts. On ne pourrait rien faire. Il n'y a pas de transfert avec la nouvelle loi, il n'y a pas de transfert d'équipement, il n'y a rien. »

Le sort des travailleurs sylvicoles ne semble pas préoccuper beaucoup de gens dans la société. Peut-être pour les raisons que décrit l'écrivain américain Joe Bageant, auteur de *Deer Hunting with Jesus*: « Les gens de la gauche n'ont pas envie de se frotter aux masses non éduquées, aux travailleurs manuels qui fréquentent l'église, qui sont incapables de situer la France ou l'Irak sur une carte et qui n'ont aucune envie d'apprendre à le faire. »

Dans le milieu sylvicole, on s'entend sur un point: il est temps qu'il se passe quelque chose. Il faudra une volonté politique ou sociale pour faire changer la situation, croit Bernard Forest. « C'est facile à dire, puis tout le monde le dit, sauf que, s'il n'y a pas de volonté politique ou qu'il n'y a pas de volonté au niveau de l'industrie, ça ne viendra jamais.

Parce que l'industrie, ça fait son affaire de payer le monde à forfait. Les compagnies forestières, elles reçoivent le chèque et elles le refilent à l'autre. Elles se gardent des frais d'administration. Même nos employeurs, la plupart, ce sont des "boîtes à malle". Ils reçoivent le chèque, ils en donnent la moitié aux travailleurs. Ils paient les bénéfices marginaux là-dessus, il faut qu'ils paient leur *staff*. S'ils ont un camp forestier, il faut qu'ils paient leur camp forestier avec ça. La marge de manœuvre n'est pas très énorme. »

Sans pression populaire, le gouvernement ne fera rien de lui-même, ajoute-t-il. « Il ne le fera pas pour les beaux yeux des travailleurs. C'est pour ça que, de son bord, monsieur Mailloux en fait une partie, et nous, de notre bord, on en fait une autre partie. »

Le syndicat voudrait bien passer du salaire au rendement au salaire horaire, comme ça s'est fait en Suède. « On pourrait essayer, mais les entrepreneurs vont dire : non, nous on n'embarque pas dans cette formule-là parce qu'on est pas payés comme cela. Le risque va être trop gros comme entreprise. »

Il y a même des travailleurs du Bas-Saint-Laurent qui ont bataillé pour être payés à l'heure. « Ils se sont battus pour essayer de faire des travailleurs polyvalents, pour qu'ils travaillent plus longtemps, comme 26 semaines par exemple. Mais beaucoup de ces gens-là ne veulent pas travailler 26 semaines, ils perdent de l'argent lorsqu'ils travaillent plus longtemps. Ça va toujours être un débat parce qu'il y en a beaucoup qui travaillent pour le chômage. Il y a même des entreprises qui, après 14 semaines, fermaient leurs portes, et ils donnaient tout ça à sous-contrats à leurs mêmes travailleurs pour faire exécuter leurs travaux sylvicoles. Ça ne se fait plus beaucoup maintenant, mais il y a encore des pratiques comme ça. L'entrepreneur payait les travailleurs au noir. Ça faisait l'affaire de tout le monde. Le travailleur pouvait recevoir son chômage. Les hectares étaient coupés. Personne ne payait d'impôt. »

L'équation travail-chômage est constante dans le milieu sylvicole, même si des coopératives forestières tentent de démentir cette réalité en donnant des ateliers de formation.

« Il y en a plusieurs qui travaillent pour se qualifier à l'assurance-chômage, et une fois qu'ils sont qualifiés, et ça, c'est au grand désarroi des boss, la plupart s'en vont. Ils se disent tous : mon chômage est fait, je vais m'en aller, je n'ai plus besoin de travailler. Il y a une mentalité comme ça dans le bois : si tu fais plus d'argent, tu paies trop d'impôt, puis ça donne rien. Tu vas donner ton argent à l'impôt. »

Évidemment, le fait que chaque heure de travail entraîne des dépenses représente une autre source de démotivation. Bernard Forest précise que, selon des études, ces dépenses représentent environ 110 $ par semaine sans compter les équipements de sécurité. « Ç'avait toujours été les travailleurs qui les payaient. La syndicalisation a changé cela parce que les gens se sont aperçus que c'était l'employeur qui était supposé fournir les équipements de sécurité. »

D'après lui, plusieurs entreprises ne fournissent pas l'équipement de sécurité, mais il n'y a personne qui va se plaindre à ce sujet non plus. « Le gars qui réussit à travailler et qui s'en sort pas si pire, il va se dire : bon, je vais-tu faire une plainte à la CSST parce que mon employeur ne me paie pas mon équipement de sécurité ? Après, je risque de ne pas entrer l'année prochaine. »

Comme les travailleurs sont payés au rendement, ils sont plutôt autonomes dans leur façon de travailler, d'organiser leur temps, ce qui convient à plusieurs.

Faire changer le mécanisme actuel sera ardu, concède le président du Syndicat national de la sylviculture. « Nous, on essaie présentement au niveau juridique. Les employeurs le savent que s'ils perdent, ils n'auront pas les moyens de payer. Puis nous, si on revendique trop nos droits, on ferme les compagnies, on perd nos syndicats. On est comme un peu "squeezés" ».

Depuis quatre ans, Bernard Forest travaille à des stratégies pour établir un salaire à l'heure plutôt qu'au rendement. « On regarde pour quelque chose comme dans la construction, un décret. J'en parle de plus en plus dans chaque assemblée. Pour plusieurs, ce qui compte, c'est de sortir une paie. On a des cas d'exception qui font un bon salaire, mais t'en as d'autres qui s'arrachent le cœur à toutes les semaines pour réussir à faire à peine leurs "gros timbres" de chômage, et il y en a qui ne les font même pas. »

Rappelons que, pour avoir ses « gros timbres », il fallait gagner, en 2007, l'équivalent de 750 $ par semaine. Le salaire payé au rendement est converti en nombre d'heures à la fin de la saison.

Le travailleur peut choisir entre deux types d'entreprises en aménagement forestier. Le petit propriétaire individuel ou la grosse compagnie comme La Forêt de demain, qui compte des centaines de travailleurs et qui fait appel à d'autres sous-traitants.

Le petit entrepreneur va travailler avec ses employés, explique Bernard Forest. « J'ai souvent travaillé pour un boss dont c'était la *business*. Il te dit : "Bon, écoutez les gars, moi, je n'en ai pas d'argent. On travaille tout le monde. Moi, je travaille avec vous autres." Et puis, tu le vois travailler parce qu'il est avec nous autres sur le terrain. Par ailleurs, La Forêt de demain, c'est immense. C'est un des plus gros entrepreneurs en travaux sylvicoles au Québec. C'est plus compliqué et c'est pas nécessairement près de la réalité de la plupart des travailleurs sylvicoles. Il y a une réalité qui est très différente en Gaspésie, sur la Côte-Nord, au Lac-Saint-Jean, en Mauricie. »

La Forêt de demain est l'une des plus imposantes compagnies regroupées dans l'Association des entrepreneurs en travaux sylvicoles du Québec. Les membres de cette association réalisent 80 % de tous les travaux en aménagement forestier sur le territoire québécois.

En 2007, une somme globale d'environ 55 millions de dollars par année était consacrée aux travaux sylvicoles au Québec. Ce montant devait être réparti en parts égales entre les entreprises qui exécutent les contrats d'aménagement et les travailleurs sylvicoles : planteurs et débroussailleurs. Pour Bernard Forest, les travailleurs syndiqués profitent d'un avantage par rapport aux autres : ils peuvent savoir si le taux de 50 % est appliqué.

Plusieurs travailleurs ne se donneraient pas la peine de le vérifier. « L'entrepreneur va dire : "Je te donne 50 %", mais la majorité des gars ne le vérifieront pas. Un gars comme Jean-Baptiste Mailloux va le faire, oui. Moi aussi, j'irais le vérifier. »

Les choses ont évolué depuis qu'il existe des conventions collectives dans le milieu, affirme-t-il. « Anciennement, ça roulait plus autour de 35 à 40 % pour les travailleurs. »

Toutes ces vérifications exigent du temps. « J'ai fait plusieurs démarches puis des demandes d'accès à l'information avec le ministère (des Ressources naturelles) pour pouvoir calculer combien le détenteur de CAAF touchait et ce qui revenait ensuite aux débroussailleurs. »

Des études récentes démontrent que la situation s'est améliorée, selon le représentant syndical, surtout par rapport à 1990. Une analyse faite par la CSN avait alors démontré que les entreprises forestières se gardaient 10 % du montant à transférer, sans même faire aucun travail en échange.

Maintenant, le détenteur de CAAF ne garderait que 2 % pour éponger ses frais de gestion. La presque totalité des fonds alloués aux travaux sylvicoles irait en grande partie aux sous-traitants, qui les refilent encore souvent à d'autres sous-traitants avant que le débroussailleur puisse en voir la couleur.

CHAPITRE 11

Des débroussailleurs qui se tirent d'affaire

Ce ne sont pas tous les Québécois d'origine qui renoncent à ce travail difficile, que d'aucuns considèrent comme un sport extrême, une « méchante » partie de hockey. Certains, plutôt rares cependant, affirment avoir une bonne job avec un bon boss. D'autres se disent désabusés, déçus du système qui les fait haïr un travail qu'ils auraient pu aimer.

C'est le cas de Martin Tremblay, qui habite Péribonka, au Lac-Saint-Jean. Un débroussailleur au parcours de vie, disons, mouvementé. Lors de l'entrevue, à l'automne 2007, il était âgé de 56 ans et travaillait dans le milieu du débroussaillage depuis 15 ans. Il s'est plaint beaucoup plus de l'attitude des employeurs que du travail lui-même.

Comme bien d'autres, il s'est retrouvé dans la forêt, poussé par les déboires de la vie. « Ça faisait un an que j'étais sur la brosse, ça commençait à faire. La seule façon pour moi d'arrêter de boire, c'était de m'en aller dans le bois. »

« Moi, j'ai pris ça comme un conditionnement physique. Une *game* de hockey. Quand arrive le printemps, il faut que je sois en forme, sinon, je vais avoir de la misère. Il y en a qui ont de la misère à "scorer" deux buts. Il y en a d'autres… quatre, cinq buts, ils trouvent cela facile. »

« Scorer » oui, mais pas à n'importe quel prix. « J'ai déjà fait 18 jours sans arrêter, c'était alléchant quand il te demandait ça. Des fois, c'est payant. Mais, après cela, tu dois t'arrêter 10 jours. »

Des débroussailleurs au travail six jours par semaine, pendant toute la saison, Martin Tremblay en a rarement rencontré chez Forestier 300, où il est employé depuis plusieurs années. Peut-être un par chantier, pas plus. « Même s'il reste sur le chantier tout le temps, il ne sera pas à l'ouvrage tous les jours, c'est impossible, impossible, impossible ! Il faut qu'il dorme une fois de temps en temps ! »

Des revenus de 1500 $ à 2000 $ par semaine, c'est réaliste, selon lui. « C'est pas nécessairement surhumain, ça dépend du terrain. Il y a des terrains qui sont favorables. Mais il y en a d'autres que ça avance pas. »

Au cours de la saison 2007, Martin Tremblay était payé plus de 500 $ l'hectare. Les terrains étaient pourtant très difficiles. « Ç'aurait mérité plus que 800 $. »

Si le travailleur ne calcule pas ses hectares, ce qui est courant, il doit se fier à la compagnie, explique-t-il, et si ça ne concorde pas, il faut aller se chicaner à l'autre bout. « Moi, ça ne me m'intéresse plus d'aller me chicaner. Je connais toutes leurs réponses. »

Le débroussailleur a souvent l'impression de se faire avoir, mais concède qu'il ne veut pas se battre. En 2007, il considère avoir perdu 3000 $. « Je vais dépenser plus de gaz, plus d'énergie pour me défendre que 3000 $, alors, qu'il le garde, le 3000 $. »

Les employés de la compagnie Forestier 300 sont membres du Syndicat canadien des communications, de l'énergie et du papier, section locale 3000-Q. « Ça ne donne rien d'être syndiqués », lance Martin Tremblay sur un ton désabusé. Il admet que cela garantit une certaine sécurité d'emploi d'une année à l'autre, mais parfois dans des conditions arbitraires. « Il va te prendre (l'employeur), mais... si t'as besoin d'un terrain il va te faire attendre quatre heures. S'il y a de quoi de *rough*, il va t'envoyer tout de suite là. Moi, avec l'expérience que j'ai, si ça fait pas mon affaire, je m'en vais ailleurs. »

Au cours de la saison 2007, Martin Tremblay a travaillé pour la première fois avec des débroussailleurs d'origine africaine. À sa connaissance, leur traitement était égal à celui des autres. On les faisait peut-être attendre un peu plus pour l'attribution des terrains. Pour le reste, il déclare qu'en forêt chacun fait pas mal sa petite affaire.

Selon lui, les compagnies voudraient qu'on retourne à ce qu'il appelle « l'ancienne méthode ». « Moi, je l'ai fait à la vieille manière. J'ai aimé cela, mais je l'aurais pas fait toute ma vie. Tu pouvais coucher dans ton *pick-up* pendant deux semaines de temps. J'ai travaillé à des places où il fallait deux heures et demie de voiture pour se rendre au camp. J'ai pas les moyens de faire deux heures et demie de voiture le matin, et deux heures et demie le soir pour revenir. On couchait là tant que le terrain n'était pas fini. » Il a vécu de cette façon-là il y a environ huit ans.

Si les conditions matérielles de travail étaient meilleures, le débroussailleur n'hésiterait pas à le poursuivre jusqu'à 65 ans. « Si on me donne ma chance, oui, je pourrais le faire. Il y a bien des métiers qui se font jusqu'à 65 ans, mais il faut pouvoir aller à ton rythme. Au lieu de le faire en trois jours, je le ferais en quatre jours ou cinq jours. J'arrêterais un peu pour une sieste l'après-midi. C'est un métier qui le permet. C'est un beau petit métier, on peut voir toutes les terres agricoles... Je pensais que ce serait pas mal mieux que ça. »

Et qu'est-ce qui l'a déçu? « La manière dont c'est géré. La manière dont ils te traitent. »

Si Martin Tremblay dit ne pas croire au syndicat, il en va autrement pour Gérald Simard, du Syndicat canadien des communications, de l'énergie et du papier, section locale 3000-Q, le délégué syndical de la compagnie Forestier 300.

Gérald Simard est convaincu que le problème de fond, comme plusieurs autres intervenants l'ont relevé, est celui de la sous-traitance. Tous les frais des nombreuses vérifications effectuées par des techniciens forestiers, destinées à contrôler le travail des sous-traitants, retomberaient sur le dos des travailleurs. « Au bout de la ligne, c'est nous autres qui payons pour cela. On n'a jamais d'augmentation. Ils choisissent (les grands entrepreneurs forestiers) les terrains comme ils veulent. C'est eux qui décident où ils vont faire faire leur terrain. »

Le favoritisme dans l'attribution des terrains par les sous-traitants en travaux sylvicoles est aussi un irritant majeur pour le délégué syndical. « Chez nous, on pige dans un sac, et curieusement on pige toujours de mauvais terrains, mais les chums du boss en pigent toujours des bons. »

Dans la prochaine convention collective, la section locale 3000-Q du Syndicat canadien des communications, de l'énergie et du papier tentera de faire numéroter tous les terrains pour qu'ils soient attribués en respectant un certain ordre. De sorte que ce soit vraiment le hasard qui décide.

C'est à la suite de conditions de travail se rapprochant de l'esclavagisme, affirme Gérald Simard, que le syndicat est né dans la région. « Il y a eu une année où on est tombés dans un bloc de sondage (technique pour évaluer le salaire payé pour une parcelle de terrain en fonction d'un échantillon), et les terrains n'étaient vraiment pas évalués comme il faut.

Ça doit faire environ huit ans. J'ai été marcher le terrain, les montagnes au complet. Je me suis dit: je ne regarderai pas juste mon secteur à moi. On n'avait pas de syndicat dans le temps. Je suis revenu avec ma scie et j'ai dit: "Je ne travaille pas là-dedans." Ils donnaient 400 $ l'hectare. J'ai été au ministère. C'était du terrain de 80 000 tiges et ils l'avaient évalué à 15 000 tiges. Je leur ai dit que ça n'avait pas d'allure. Je n'avais jamais vu des gars prendre des échantillons de terrains. J'ai dit: "Je vais aller à la GRC et ils vont venir voir les papiers pour savoir comment ça marche ici." On est passés de 400 $ l'hectare à 515 $.»

Depuis ce temps, Gérald Simard mène un lent combat qui devrait aboutir à de meilleures conditions de travail pour les employés. L'accréditation syndicale n'a pas été difficile, les gens ont signé presque à 100 %, assure-t-il. Et la compagnie a accepté de négocier.

Des tentatives de payer un salaire horaire aux débroussailleurs plutôt que de les rémunérer au rendement ont été expérimentées au Lac-Saint-Jean. Ce qui avait pour but de contrer la fraude et l'arbitraire. «On a tenté l'expérience à la Société sylvicole Mistassini, raconte Gérald Simard. Le problème, c'est qu'il n'y avait pas de rendement. Les gars en profitaient. C'était à qui allait en faire le moins. Ça fait que les gars restaient assis. Il y en a qui travaillaient une demi-heure dans leur journée, c'était tout. Il n'y avait aucun minimum de terrain à traiter qui était relié à cela. Des gars le faisaient exprès pour briser leur machine.»

Inutile de dire que la mesure a fait long feu.

Quand on cherche, on finit par trouver le bon employeur, affirme pour sa part Wilson Vallée, de Saint-Félicien au Lac-Saint-Jean. Il en était à sa 16e année de débroussaillage en 2007.

Après avoir connu chez d'autres entreprises des conditions de travail déplorables, il a trouvé Martin Simard, président de La Forêt boréale. Il est à son emploi depuis 12 ans. « C'est un boss d'adon. Moi, j'ai pas un mot à dire. Ailleurs, j'avais vu toutes sortes de choses comme de ne pas être payé pour le travail que tu avais fait. Ici on est payé entre 450 $ et 600 $ l'hectare. On travaille dans du beau, dans du sale, on change. C'est pas toujours pareil. »

Wilson Vallée a maintenant 51 ans. Il aime ce travail et affirme être capable d'aller se chercher un bon revenu à chaque semaine. Des débroussailleurs qui se font 1500 $ par semaine, oui, il a vu cela. Au cours de la saison 2007, il a travaillé 18 semaines, ce qui est suffisant pour se qualifier à l'assurance-chômage. L'employeur verserait même une partie du revenu du travailleur dans un régime enregistré d'épargne-retraite.

Conclusion

Une histoire racontée une fois, par une personne, cela laisse place au questionnement. Lorsque l'histoire est répétée une dizaine de fois par autant de sources indépendantes, le questionnement se poursuit. Et si elle est balayée sous le tapis par des porte-parole officiels, cela laisse planer un doute. Le doute, c'est là où j'en suis, en conclusion.

Des histoires d'horreur, j'en ai entendu de toutes sortes, venant de débroussailleurs qui ne voulaient pas voir leur nom associé aux avantages qu'eux-mêmes tiraient de la situation. Valises d'argent comptant qui circulaient dans les chantiers pour payer les travailleurs au noir, dépanneurs improvisés qui alimentaient les débroussailleurs tant en marijuana qu'en bière. Des achats prélevés sur la paie des travailleurs… La chose tombe sous le sens quand on y pense. Si, comme l'affirment plusieurs, les trois quarts des débroussailleurs fument du *pot*, où pourraient-ils se le procurer quand ils sont à des centaines de kilomètres de toute civilisation ?

Il y a beaucoup de monde à qui profite ce système, selon le président du Regroupement des travailleuses et travailleurs sylvicoles du Québec, Jean-Baptiste Mailloux, que d'aucuns s'évertuent à ridiculiser de façon à le rendre peu crédible.

En fait, un travailleur qui s'acharne à revendiquer que ses droits soient respectés, ça dérange. Même la Commission des relations de travail en est arrivée à cette conclusion dans une décision rendue le 12 décembre 2006 dans le dossier 210725. Un jugement qu'on peut lire sur Internet.

Les commissaires Andrée St-Georges, Michel Denis et Guy Roy ont rejeté la demande de révision d'une cause déjà entendue en avril 2006 devant la même commission. On avait estimé alors que les plaintes pour mesures discriminatoires, représailles, congédiement et harcèlement psychologique de Jean-Baptiste Mailloux contre La Forêt de demain n'étaient pas fondées. Il s'agirait, selon les commissaires, d'une « situation exceptionnelle où l'exercice de droits par le dépôt de plaintes (que la commission juge) non fondées peut justifier une rupture du lien d'emploi ».

Le texte de la décision est d'ailleurs assez surprenant :

« L'intimée (La Forêt de demain) a-t-elle une cause juste et suffisante de rompre le lien d'emploi le 10 mai ? Le dépôt de plaintes a pu irriter l'intimée, mais elle a tenté de trouver des solutions. La coupe déborde lorsque le plaignant amène sur la place publique le différend qui l'oppose à l'intimée. Le plaignant annonce par la voie des journaux que les donneurs d'ouvrage de l'intimée feront l'objet d'un recours collectif de 5 millions $. Dans les circonstances, l'intimée a raison de prétendre que le lien de confiance est rompu et que le plaignant manque à son obligation de loyauté. La Commission estime que l'intimée a une cause juste et suffisante de congédier le plaignant. Ce dernier intente des recours non fondés, ce qui occasionne des frais à l'intimée et met en péril la survie de l'entreprise lorsqu'il menace de poursuivre les donneurs d'ouvrage. L'intimée a le droit de se protéger et tout porte à croire que le maintien à l'emploi du plaignant ne résultera que par le dépôt de nouvelles plaintes. Les motifs allégués par l'intimée ne sont pas un prétexte. Elle admet ouvertement qu'elle congédie le plaignant pour faire suite aux recours qu'il exerce. L'intimée n'a plus d'autres moyens de faire cesser les plaintes qu'en congédiant le plaignant. Il s'agit d'une situation exceptionnelle où l'exercice de droits par le dépôt de plaintes non fondées peut justifier une rupture du lien d'emploi. Même si le plaignant a droit à la liberté d'expression, la campagne de presse et la menace d'un recours collectif, jumelées au cumul des plaintes, constituent une cause juste et suffisante. »

Jean-Baptiste Mailloux est allé en appel de cette décision également. En attendant une réponse, il se construisait, en 2007, une maison de ses propres mains dans une campagne verte de l'Abitibi.

La question qu'on peut se poser est : qui, au fond, se soucie du sort des débroussailleurs ?

Le forestier en chef, nommé dans la foulée du rapport Coulombe ? « Non », m'a répondu Pierre Levac, l'homme à l'emploi du temps chargé après qui j'ai couru pendant quelques semaines. « Cela ne me concerne pas. »

Le ministère des Ressources naturelles ? La réponse à mes questions m'est arrivée par courriel : « Le MRNF (ministère des Ressources naturelles et de la Faune) ne fixe pas les conditions de travail des travailleurs sylvicoles. Les conditions de travail sont issues de plusieurs facteurs de négociation entre le BCAAF (le bénéficiaire de contrats d'approvisionnement et d'aménagement forestier, c'est-à-dire la compagnie qui coupe le bois) et ses entrepreneurs, d'une part, et les entrepreneurs et leurs employés, d'autre part. Plusieurs éléments interviennent aussi dans ces conditions de travail, notamment les normes de la CSST. »

La réalité, c'est qu'à l'étape du deuxième ou du troisième sous-traitant, il n'y a plus grand contrôle qui s'exerce.

Pour contrer le manque criant de formation, Emploi Québec chapeaute des comités sectoriels de main-d'œuvre. Les principaux mandats des comités sont de définir les besoins propres à leur secteur, de proposer des mesures pour stabiliser l'emploi et réduire le chômage, et de développer la formation continue.

Toutefois, précise le directeur général du Comité sectoriel de main-d'œuvre en aménagement forestier, Christian André, ces instances n'ont aucun pouvoir coercitif.

« Tranquillement, on rencontre les employeurs, on fait du transfert de connaissances, précise-t-il. On les amène à modifier leur façon de se comporter en forêt avec respect pour le travailleur. Une démarche qui est un agent de changement, une démarche qui est longue, pas normée ni encadrée de quelque façon que ce soit : ça relève de l'accompagnement. »

Il admet d'ailleurs que certaines entreprises refusent de collaborer. « Il y en a qui ne veulent rien savoir, elles gardent leur vieille façon de travailler. Mais à côté, vous avez une entreprise qui performe mieux, qui utilise moins de contremaîtres, plus de compagnons, qui est dans une démarche de reconnaissance professionnelle et de formation continue. »

Cette façon de faire finit par diminuer, selon Christian André, le nombre d'entrepreneurs qui ne respectent pas les normes.

Il estime aussi que la sous-traitance doit avoir ses limites. « Si, par exemple, La Forêt de demain arrête là la chaîne de sous-traitance, c'est correct. Mais si La Forêt de demain donne des parties de ses travaux en sous-traitance, si La Forêt de demain engage Joe Blo qui s'incorpore et dit : "Toi, je t'aime bien, incorpore-toi et greye-toi de 12-15 personnes, et je vais te donner une partie des contrats", là, ça commence à être problématique. Je n'affirme pas qu'elle le fait, mais si elle le faisait, ce serait problématique. Cette compagnie a changé ses façons de faire et elle est reconnue maintenant pour respecter les lois et règlements. »

Il est important pour lui que les travailleurs œuvrant dans le secteur aient un statut clair. Pas de main-d'œuvre temporaire venant d'autres pays. « On n'a pas de pénurie de main-d'œuvre. Si on faisait entrer des Mexicains, par exemple, qui acceptent des conditions de travail que les Québécois n'acceptent plus, comment voulez-vous qu'on améliore les conditions de travail ? »

Il y a environ 10 000 débroussailleurs au Québec. Et de ce nombre, combien y en a-t-il qui font 2000 $ par semaine ?

« Pas beaucoup, mais en Abitibi, c'est une des régions où on en fait le plus. Les nouveaux qui n'ont pas les bonnes techniques de travail, qui ne savent pas utiliser la machine, ils perdent beaucoup de temps à repérer leur terrain, beaucoup de temps à le préparer. Il y a de plus en plus de gens qui ont de la formation. Ça aide. »

Pourquoi ne forme-t-on pas mieux les gens ?

« On travaille de plus en plus loin. Les camps de débroussailleurs ne sont pas des bonnes installations. On n'est pas dans des camps de Domtar et Abitibi-Consolidated (surtout utilisés par les abatteurs). En majorité, ce sont des camps qui sont désuets. Il faudrait valoriser cela, il y a des entreprises au Lac-Saint-Jean qui ont des super-camps. C'est le grand luxe. »

Christian André l'admet, être débroussailleur ce n'est pas un choix de carrière. « C'est vu comme un dernier recours, c'est vu comme une source de revenus intéressante, spontanée, qui n'a pas besoin de beaucoup de formation.

C'est dommage parce qu'on a des histoires à succès de gens qui sont entrés en foresterie par ce pied-là et qui ont poursuivi des études. C'est à la société de dire combien ça vaut ce travail-là. Puis qui est-ce qui doit le faire ? Et est-ce que c'est possible de le mécaniser ? »

Selon lui, il y a quand même beaucoup de travailleurs qui y trouvent leur compte.

La question des nouveaux arrivants, celle qui avait suscité mon intérêt au début de ma recherche, n'a pas eu la suite que j'aurais voulu lui donner. Combien de rendez-vous manqués, d'attente vaine de retour d'appels, de méfiance et de renoncement de la part de ceux que nous avons le devoir moral d'accueillir chez nous.

Vincent Brym, un Québécois d'origine africaine, a fondé, au Saguenay–Lac-Saint-Jean, l'organisme Attraction, développement et intégration en région (ADIR). Cet organisme recrute de la main-d'œuvre francophone pour travailler en forêt et l'encourager à s'établir dans la région. En décembre 2007, la survie de l'organisme était menacée par manque de financement. C'est que, comme le dit lui-même son fondateur, il n'a pas que des amis dans la région. « Les compagnies nous en veulent. ADIR essaie de démystifier les conditions pour aider les candidats à ne pas se faire avoir. »

Une entreprise qui faisait appel aux services d'ADIR a décidé d'embaucher son propre recruteur plutôt que de passer par l'organisme. « ADIR négociait les conditions et les prix. Tout ça était validé par les travailleurs avant de commencer le travail. C'est ma façon de faire, peut-être, qui agace. »

Le manque d'informations est à la source de plusieurs malentendus, selon lui. « J'ai vu les conditions de travail qui étaient appliquées aux gens qui venaient des pays de l'Est, c'est un peu l'abattoir. Si vous ne connaissez pas les conditions de travail, que vous ne connaissez pas les lois, on peut vous faire faire n'importe quoi. »

Les immigrants qui vont travailler en débroussaillage n'ont en général aucune ressource pour acheter l'équipement nécessaire. Comme la compagnie a besoin de main-d'œuvre, elle obtient une marge de crédit et leur fournit le transport et le matériel. « Les gens travaillent pour rembourser ces dépenses dans les premières semaines avant de gagner de l'argent, souligne Vincent Brym. Si quelqu'un n'est pas au courant de cela et voit sur sa première paie un salaire de 50 $, ce qui est moins que ce qu'il touchait au salaire minimum dans son pays, ou à Montréal, il se pose des questions. »

Les travailleurs immigrants se considèrent souvent victimes de discriminations. « Les plaintes qui reviennent, c'est qu'ils ne sont pas payés comme les Québécois, qu'ils mangent mal, qu'on les paie mal. Dans les négociations, ils insistent pour ne pas travailler les jours fériés, mais, *a contrario*, ils demandent à travailler six jours sur sept parce qu'ils ne peuvent pas travailler du lundi jusqu'au jeudi et retourner à Montréal. On négocie pour eux la possibilité de rester dans la région, sur le camp. Nous, on les sort pour participer aux activités de la ville les fins de semaine pour qu'ils ne passent pas leur vie que dans un camp forestier, sinon ils ne connaîtront jamais la région. »

S'associer aux instances syndicales, c'est une avenue qu'envisage ADIR. « Je pense que c'est comme ça qu'on va y arriver. On va peser les pour et les contre avant de démarrer la prochaine saison (2008), et on apprend de nos erreurs aussi. »

Débroussailleur, un métier d'avenir ? Pas sûr. Plutôt un symbole d'asservissement, une preuve que le Québec ne sait pas mieux accueillir ses immigrants maintenant qu'au XIXe siècle. L'argent, selon plusieurs, a déjà été fait dans les années 1990 et au début des années 2000, maintenant il y a trop de contrôles. Le puits d'arnaques, où plusieurs opportunistes ont puisé, lui, est vide.

Bientôt le secteur n'intéressera plus grand monde. Les immigrants professionnels, comme le Dr Topalov, vont se trouver du travail dans leur domaine. Jean-Baptiste Mailloux va finir par se lasser, à moins qu'il ne remporte une vraie victoire. Les jambes du débroussailleur québécois de souche, dont l'âge moyen est de 49 ans, refuseront bientôt de fouler le sol hostile. Et les jeunes ? Espérons qu'ils étudieront assez longtemps pour y échapper.

TABLE

L'intérieur de ce livre a été imprimé au Québec en octobre 2009
sur du papier entièrement recyclé
sur les presses de l'Imprimerie Gauvin.

Sources Mixtes
Groupe de produits issu de forêts bien gérées et de bois ou fibres recyclés.
www.fsc.org Cert no. SGS-COC-2624
© 1996 Forest Stewardship Council